高职高专高等数学规划教材

高职数学

（第二版）

主　编　吴　静　黄国荣

副主编　刘宁元　辛奎东　姜全德

Gaozhi Shuxue

中山大学出版社
SUN YAT-SEN UNIVERSITY PRESS
·广州·

图书在版编目（CIP）数据

高职数学/吴静，黄国荣主编. —2 版. —广州：中山大学出版社，2023.8
ISBN 978 – 7 – 306 – 07873 – 5

Ⅰ．①高…　Ⅱ．①吴…②黄…　Ⅲ．①高等数学—高等职业教育—教材
Ⅳ．①O13

中国国家版本馆 CIP 数据核字（2023）第 148508 号

出　版　人：王天琪
策划编辑：李　文
责任编辑：李　文
封面设计：曾　斌
责任校对：廖翠舒
责任技编：靳晓虹
出版发行：中山大学出版社
电　　话：编辑部 020 – 84111996，84113349，84111997，84110779
　　　　　发行部 020 – 84111998，84111981，84111160
地　　址：广州市新港西路 135 号
邮　　编：510275　　　　传　　真：020 – 84036565
网　　址：http://www.zsup.com.cn　E-mail:zdcbs@mail.sysu.edu.cn
印　刷　者：广州市友盛彩印有限公司
规　　格：880mm×1230mm　1/32　9.25 印张　250 千字
版次印次：2023 年 8 月第 2 版　2023 年 8 月第 8 次印刷
定　　价：30.00 元

《高职数学(第二版)》编委会

主　编：吴　静　黄国荣

副主编：刘宁元　辛奎东　姜全德

参　编：叶润华　黄裕建　黄小利

内 容 提 要

　　本教材共6章，内容包括函数、导数、不定积分、定积分、常微分方程和多元函数的微积分.

　　本教材是按照《高职高专教育专业人才培养目标及规划》的要求，在对高职院校的人才培养模式和教学内容体系改革进行充分调研和论证、充分汲取近几年来各类高职高专教材建设成果的基础上，由学术水平高、教学经验丰富、实践能力强的教师编写而成. 本教材充分体现了高等职业技术教育的应用特色和能力本位，在内容的选取上，本着"以能力培养为主，必须够用为度"的原则.

　　本教材说理浅显，叙述简明扼要，例题与习题丰富，附录内容实用，适合高等职业院校各专业作为教材使用.

前　言

　　高等职业技术学院的人才培养宗旨是培养生产第一线的高级技术应用人才. 因此，让学生掌握高等数学的基本思想，培养学生拥有在本专业及相关领域中运用数学分析问题、解决问题的知识和能力，提高学生的数学文化素质，便成为数学教学的基本目标. 本教材的编写本着"以能力培养为主，必须够用为度"的原则，突出以应用为目的、以应用为主线的内容体系，目标是提升学生运用数学思想和数学方法解决实际问题的能力，加强数学与各专业及其他领域之间的联系，以有限的课时实现教学内容最大化. 本教材有以下几方面的特点：

　　(1) 体现高等职业技术教育的特点——以必须、够用为度. 深浅适度，强调知识覆盖面. 本教材力求做到语言准确、条理清楚、简明扼要. 从基本概念和实际应用问题引入，介绍高等数学知识和基本技能. 注重灌输那些与实际应用联系较多的基础知识；注重加强基本运算方法的训练和能力的培养.

　　(2) 体现高等职业技术教育的宗旨——以应用为目的. 强调数学概念与实际问题的联系，注重数学知识的实际背景及学生数学技能和应用能力的培养. 强化了实例的直观说明，淡化了逻辑论证和烦琐的推理过程，降低了学生掌握同等程度知识的难度.

　　(3) 体现了以人为本的教育理念. 充分考虑了高职高专学生的数学基础，说理浅显，叙述详细. 附录有初等数学常用公式、基本初等函数表、积分表、习题答案等.

　　本教材适用于高等职业学院(校)各专业，也可作为高等院校、专科层次成人教育的高等数学教材. 每节都配有习题，每章后配有复习题. 全书约88学时.

　　本教材由吴静、黄国荣主编，刘宁元、辛奎东、姜全德副主编. 参加编写的还有叶润华、黄裕建、黄小利等.

　　由于时间仓促，本教材不当和疏漏之处，敬请读者不吝指正.

　　作者 E-mail：76712484@ qq. com。

目　录

第1章 函　　数

在初等数学学习中，我们主要是学会利用数学工具，解决静态的、规则的、不变的、均匀的实际问题，如求规则图形的面积、求匀速直线运动物体的速度等问题．随着生产、科学研究的需要，产生了变量数学，如研究运动涉及的变速直线运动的瞬时速度、曲线围成的平面图形的面积等一系列问题，这些基本问题的解决都需要"无限趋近"或"无限逼近"等概念，这些概念描述的是动态的，而且是无限的过程．本章主要介绍解决这些问题的思想方法——极限的概念及其基本理论．极限既是解决这些问题的工具，又是一种思考问题的方法，极限的思想和方法不仅是高等数学的基础，在自然科学和社会科学的许多基本概念中也有广泛的应用．

1.1　函数的概念

1.1.1　函数的定义

定义 1.1　设 x 和 y 是两个变量，D 是一个给定的非空数集，若对于每个数 $x \in D$，变量 y 按照一定法则总有确定的数值和它对应，则称 y 是 x 的**函数**，记作
$$y = f(x), \quad x \in D.$$
其中，x 称为**自变量**，y 称为**因变量**，x 的取值范围 D 叫作函数的**定义域**，函数值的集合 $\{f(x) \mid x \in D\}$ 叫作函数的**值域**．

1.1.2　函数的表示法

函数的表示法有以下三种：

一是表格法．将自变量的值与对应的函数值列成表格的方法．

二是图像法．在坐标系中用图形来表示函数关系的方法．

三是公式法（解析法）．将自变量和因变量之间的关系用数学表达式（又称为解析表达式）来表示的方法．根据函数的解析表达式的形式不同，函数也可分为显函数、隐函数和分段函数三种．

（1）显函数．函数 y 由 x 的解析表达式直接表示．例如，$y = x^2 + 1$.

（2）隐函数. 函数的自变量 x 和因变量 y 的对应关系由方程 $F(x, y) = 0$ 来确定. 例如，$\ln y = \sin(x + y)$.

（3）分段函数. 函数在其定义域的不同范围内，具有不同的解析表达式. 例如，

$$f(x) = \begin{cases} x - 1, x > 0, \\ 0, x = 0, \\ x + 1, x < 0. \end{cases}$$

1.1.3　函数的特性

1.1.3.1　函数的有界性

设函数 $f(x)$ 的定义域为 D，数集 $X \subset D$，若存在一个正数 M，使对一切 $x \in X$，恒有 $|f(x)| \leq M$，则称函数 $f(x)$ 在 X 上**有界**，或称 $f(x)$ 是 X 上的**有界函数**. 每一个符合上述条件的正数 M 都是该函数的界.

若具有上述性质的正数 M 不存在，则称函数 $f(x)$ 在 X 上**无界**，或称 $f(x)$ 是 X 上的**无界函数**.

例如，函数 $y = \sin x$ 在 $(-\infty, +\infty)$ 内有界，因为对任何实数 x，恒有 $|\sin x| \leq 1$. 函数 $y = \dfrac{1}{x}$ 在区间 $(0, 1)$ 上无界，因为可以取无限靠近零的数，使该函数的绝对值 $\left|\dfrac{1}{x}\right|$ 大于任何预先给定的正数 M；但易见该函数在 $[1, +\infty)$ 上有界.

1.1.3.2　函数的单调性

设函数 $f(x)$ 的定义域为 D，区间 $I \subset D$. 若对于区间 I 上的任意两点 x_1 及 x_2，当 $x_1 < x_2$ 时，恒有 $f(x_1) < f(x_2)$，则称函数 $f(x)$ 在区间 I 上是单调递增函数；若对于区间 I 上的任意两点 x_1 及 x_2，当 $x_1 < x_2$ 时，恒有 $f(x_1) > f(x_2)$，则称函数 $f(x)$ 在区间 I 上是单调递减函数.

例如，$y = x^2$ 在 $[0, +\infty)$ 内是单调递增的，在 $(-\infty, 0]$ 内是单调递减的.

1.1.3.3　函数的奇偶性

设函数 $f(x)$ 的定义域 D 关于原点对称，若对一切 $x \in D$，恒有 $f(-x) = f(x)$，则称 $f(x)$ 为**偶函数**；若对一切 $x \in D$，恒有 $f(-x) = -f(x)$，则称 $f(x)$ 为**奇函数**.

偶函数的图像关于 y 轴对称，奇函数的图像关于原点对称.

1.1.3.4　函数的周期性

设函数 $f(x)$ 的定义域为 D，如果存在常数 $T > 0$，使对一切 $x \in D$，有 $(x \pm T) \in D$，且 $f(x + T) = f(x)$，则称 $f(x)$ 为**周期函数**，T 称为 $f(x)$ 的周期.

通常周期函数的周期是指其最小正周期.

1.1.4　反函数

例如，在函数 $y = 2x + 6 (x \in D)$ 中，x 是自变量，y 是 x 的函数. 由 $y = 2x + 6$ 可以得

到式子 $x = \dfrac{y}{2} - 3 (y \in \mathbf{R})$. 这样，对于 y 在 $\mathbf{R}$ 中的任何一个值，通过式 $x = \dfrac{y}{2} - 3$，x 在 $\mathbf{R}$ 中都有唯一的值和它对应. 也就是说，可以把 y 作为自变量，x 作为 y 的函数，这时我们就说 $x = \dfrac{y}{2} - 3 (y \in \mathbf{R})$ 是函数 $y = 2x + 6 (x \in \mathbf{R})$ 的反函数.

定义 1.2 一般地，函数 $y = f(x) (x \in D)$，设它的值域为 W. 我们根据这个函数中 x，y 的关系，用 y 把 x 表示出来，得到 $x = \varphi(y)$. 如果对于 y 在 W 中的任何一个值，通过 $x = \varphi(y)$，x 在 D 中都有唯一的值和它对应，那么，$x = \varphi(y)$ 就表示 y 是自变量，x 是自变量 y 的函数. 函数 $x = \varphi(y) (y \in W)$ 叫作函数 $y = f(x) (x \in D)$ 的**反函数**，记作 $x = f^{-1}(y)$.

在函数 $x = f^{-1}(y)$ 中，y 表示自变量，x 表示因变量. 但在习惯上，我们一般用 x 表示自变量，用 y 表示因变量，为此，我们常常对调函数 $x = f^{-1}(y)$ 中的字母 x，y，把它改写成 $y = f^{-1}(x)$. 在本书中，今后凡不特别说明，函数 $y = f(x)$ 的反函数都采用这种经过改写的形式. 例如，函数 $y = 2x$ 的反函数为 $y = \dfrac{x}{2} (x \in \mathbf{R})$，函数 $y = x + 1$ 的反函数为 $y = x - 1 (x \in \mathbf{R})$，等等.

从反函数的概念可知，如果函数 $y = f(x)$ 有反函数 $y = f^{-1}(x)$，那么函数 $y = f^{-1}(x)$ 的反函数就是 $y = f(x)$，也就是说，$y = f(x)$ 与 $y = f^{-1}(x)$ 互为反函数.

函数 $y = f(x)$ 的定义域，正好是它的反函数 $y = f^{-1}(x)$ 的值域；函数 $y = f(x)$ 的值域，正好是它的反函数 $y = f^{-1}(x)$ 的定义域.

一般地，函数 $y = f(x)$ 的图像和它的反函数 $y = f^{-1}(x)$ 的图像关于直线 $y = x$ 对称.

例 1.1 求函数 $y = x^3 + 1 (x \in \mathbf{R})$ 的反函数.

解 由函数 $y = x^3 + 1 (x \in \mathbf{R})$ 得 $x = \sqrt[3]{y - 1}$，故函数 $y = x^3 + 1 (x \in \mathbf{R})$ 的反函数是 $x = \sqrt[3]{y - 1} (y \in \mathbf{R})$，习惯上表示为 $y = \sqrt[3]{x - 1} (x \in \mathbf{R})$.

1.1.5 基本初等函数

幂函数、指数函数、对数函数、三角函数和反三角函数是五类基本初等函数.

1.1.5.1 幂函数

定义 1.3 一般地，函数 $y = x^n$ 叫作**幂函数**，其中，x 是自变量，n 是常数.

1.1.5.2 指数函数

定义 1.4 一般地，函数 $y = a^x (a > 0，a \neq 1)$ 叫作**指数函数**，其中，x 是自变量，函数的定义域是 $\mathbf{R}$，值域是 $(0，+\infty)$.

1.1.5.3 对数函数

一般地，函数 $y = \log_a x (a > 0，a \neq 1)$ 就是指数函数 $y = a^x$ 的反函数. 因为 $y = a^x$ 的值域是 $(0，+\infty)$，所以函数 $y = \log_a x$ 的定义域是 $(0，+\infty)$.

定义 1.5 函数 $y = \log_a x (a > 0，a \neq 1)$ 叫作**对数函数**，其中，x 是自变量，函数的定义域是 $(0，+\infty)$，值域是 $\mathbf{R}$.

因为对数函数 $y = \log_a x$ 与指数函数 $y = a^x$ 互为反函数，所以对数函数 $y = \log_a x$ 的图像与指数函数 $y = a^x$ 的图像关于直线 $y = x$ 对称.

1.1.5.4 三角函数

定义 1.6 如图 1 - 1 所示，设 α 是一个任意角，α 的终边上任意一点 P（除端点外）的坐标是 (a, b)，它与原点的距离是 $r = \sqrt{|a|^2 + |b|^2} = \sqrt{a^2 + b^2}$，那么

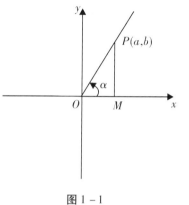

（1）比值 $\dfrac{b}{r}$ 叫作 α 的正弦，记作 $\sin\alpha$，即 $\sin\alpha = \dfrac{b}{r}$；

（2）比值 $\dfrac{a}{r}$ 叫作 α 的余弦，记作 $\cos\alpha$，即 $\cos\alpha = \dfrac{a}{r}$；

（3）比值 $\dfrac{b}{a}$ 叫作 α 的正切，记作 $\tan\alpha$，即 $\tan\alpha = \dfrac{b}{a}$.

现在我们分别把表示正切、余弦、正弦的三个比 $\dfrac{b}{a}$、

图 1 - 1

$\dfrac{a}{r}$、$\dfrac{b}{r}$ 的分子、分母交换，得到三个比，分别为

（1）比值 $\dfrac{a}{b}$ 叫作 α 的余切，记作 $\cot\alpha$，即 $\cot\alpha = \dfrac{a}{b}$；

（2）比值 $\dfrac{r}{a}$ 叫作 α 的正割，记作 $\sec\alpha$，即 $\sec\alpha = \dfrac{r}{a}$；

（3）比值 $\dfrac{r}{b}$ 叫作 α 的余割，记作 $\csc\alpha$，即 $\csc\alpha = \dfrac{r}{b}$.

以上六种函数统称为**三角函数**.

1.1.5.5 反三角函数

已知任意一个角（角必须属于所涉及的三角函数的定义域），可以求出它的三角函数值；反过来，已知一个三角函数值，也可以求出与它对应的角.

根据正弦函数的图像的性质，为了使符合条件 $\sin x = a (-1 \leqslant a \leqslant 1)$ 的角 x 有且仅有一个，我们选择闭区间 $\left[-\dfrac{\pi}{2}, \dfrac{\pi}{2}\right]$ 作为基本的范围. 在这个闭区间上，符合条件 $\sin x = a (-1 \leqslant a \leqslant 1)$ 的角 x 叫作实数 a 的反正弦，记作 $\arcsin a$，即 $x = \arcsin a$，其中，$x \in \left[-\dfrac{\pi}{2}, \dfrac{\pi}{2}\right]$，且 $a = \sin x$. 例如，$\dfrac{\pi}{4} = \arcsin\dfrac{\sqrt{2}}{2}$.

根据余弦函数的图像的性质，为了使符合条件 $\cos x = a (-1 \leqslant a \leqslant 1)$ 的角 x 有且仅有一个，我们选择闭区间 $[0, \pi]$ 作为基本的范围. 在这个闭区间上，符合条件 $\cos x = a (-1 \leqslant a \leqslant 1)$ 的角 x 叫作实数 a 的反余弦，记作 $\arccos a$，即 $x = \arccos a$，其中 $x \in [0, \pi]$，且 $a = \cos x$. 例如，$\dfrac{\pi}{3} = \arccos\dfrac{1}{2}$.

根据正切函数的图像的性质，为了使符合条件 $\tan x = a$（a 为任意实数）的角 x 有且

仅有一个, 我们选择开区间 $\left(-\dfrac{\pi}{2}, \dfrac{\pi}{2}\right)$ 作为基本的范围. 在这个开区间上, 符合条件 $\tan x = a$ (a 为任意实数) 的角 x 叫作实数 a 的反正切, 记作 $\arctan a$, 即 $x = \arctan a$, 其中, $x \in \left(-\dfrac{\pi}{2}, \dfrac{\pi}{2}\right)$, 且 $a = \tan x$. 例如, $\dfrac{\pi}{4} = \arctan 1$.

1.1.6　复合函数

定义 1.7　设函数 $y = f(u)$ 的定义域为 D_f, 而函数 $u = \varphi(x)$ 的值域为 R_φ, 若 $D_f \cap R_\varphi \neq \varnothing$, 则称函数 $y = f(\varphi(x))$ 为 x 的 **复合函数**, 其中, x 称为自变量, y 称为因变量, u 称为中间变量.

注: (1) 不是任何两个函数都可以复合成一个复合函数. 例如, $y = \arcsin x$, $u = 2 + x^2$, 因为前者的定义域为 $[-1, 1]$, 而后者 $u = 2 + x^2 \geqslant 2$, 故这两个函数不能复合成复合函数.

(2) 复合函数可以由两个以上的函数经过复合构成.

例 1.2　将函数 $y = \sqrt{\ln\sin^2 x}$ 分解成基本初等函数的复合.

解　$\sqrt{\ln\sin^2 x}$ 由 $y = \sqrt{u}$, $u = \ln v$, $v = w^2$, $w = \sin x$ 四个函数复合而成.

1.1.7　初等函数

由常数和基本初等函数经过有限次的四则运算和有限次的函数复合步骤所构成并可用一个式子表示的函数, 称为 **初等函数**.

初等函数的基本特征: 在函数有定义的区间内, 初等函数的图像是不间断的.

习题 1.1

1. 求下列函数的反函数.

　(1) $y = -2x + 3$ ($x \in \mathbf{R}$);

　(2) $y = -\dfrac{2}{x}$ ($x \in \mathbf{R}$, 且 $x \neq 0$);

　(3) $y = \sqrt{x} + 1$ ($x \geqslant 0$).

2. 写出下列反三角函数的值.

　(1) $\arcsin \dfrac{1}{2} = $ ＿＿＿＿＿＿＿＿;

　(2) $\arccos\left(-\dfrac{\sqrt{2}}{2}\right) = $ ＿＿＿＿＿＿＿;

　(3) $\arctan\left(-\dfrac{\sqrt{3}}{3}\right) = $ ＿＿＿＿＿＿＿.

3. 将下列函数分解成基本初等函数的复合.

　(1) $y = \sqrt{\sin x}$;　　　　(2) $y = \ln\cos 5x$.

1.2 数列的定义与极限

1.2.1 数列的定义

定义 1.8 若数列 $\{x_n\}$ 从第 2 项起，每一项减去它前面一项，所得的差都等于同一常数 d，则这个数列叫作**等差数列**，常数 d 叫作等差数列的**公差**.

设一笔资金的本金为 p 元，每期(每月或每年等)利率为 i，若按单利(指本金到期后的利息不再加入到本金计算利息)计算利息，则第 $n(n=1，2，3，\cdots)$ 期末，利息数列与本利和(本金与利息的和)数列都是等差数列，公差都是 $p \cdot i$，第 n 期末的本利和公式 $F_n = p(1+ni)$ 也叫作单利公式.

例 1.3 已知本金 $p=1000$ 元，单利率 $i=2\%$，期数 $n=6$，求本利和 F_6.

解 由单利公式得 $F_6 = 1000(1+6\times2\%)=1120$(元).

定义 1.9 若数列 $\{a_n\}$ 从第 2 项起，每一项与它前面一项的比值等于同一常数 q，则这个数列叫作**等比数列**，常数 q 叫作等比数列的**公比**.

设一笔资金的本金为 p 元，每期(每月或每年等)利率为 i，若按复利(指上期产生的利息也纳入本期的本金计算利息)计算利息，则第 $n(n$ 取 $1，2，3，\cdots)$ 期末，利息数列与本利和数列都是等比数列，公比是 $1+i$，第 n 期末的本利和公式 $F_n = p(1+i)^n$ 也叫作复利公式. 习惯上常将按复利计算本利和时的利率叫作复利率.

例 1.4 已知本金 $p=1000$ 元，复利率 $i=3\%$，期数 $n=4$，求本利和 F_4.

解 由复利公式得 $F_4 = 1000(1+3\%)^4 = 1125.51$(元).

定义 1.10 在相同的间隔收到(或支付)的一系列等额的款项叫作**年金**. 例如，工资、折旧、租金、保险费、单利利息、零存整取的储蓄等都表现为年金的形式.

设每期的年金为 p 元，每期(每月或每年等)利率为 i，共 n 期，那么 n 期的本利和总额叫作年金终值. 按单利或复利计息，分别叫作单利年金终值和复利年金终值. 单利年金终值是以收到的最后一笔款项本利和为首项，公差为 $p \cdot i$ 的等差数列的前 n 项的和；复利年金终值是以收到的最后一笔款项本利和为首项，公比为 $1+i$ 的等比数列的前 n 项的和. 单利和复利的首项都相同，计算时一定要注意结算的时间，若收到的最后一笔款项后存一期再结算，则首项是 $p(1+i)$，这时单利年金终值为 $F = \dfrac{n}{2}[2p + (n+1)p \cdot i]$，复利年金终值为 $F = \dfrac{p(1+i)[(1+i)^n - 1]}{i}$；若收到最后一笔款项后立即结算，则首项是 p，这时单利年金终值为 $F = \dfrac{n}{2}[2p + (n-1)p \cdot i]$，复利年金终值为 $F = \dfrac{p[(1+i)^n - 1]}{i}$.

例 1.5　某人每月初从工资中取 1000 元存入银行，月利率 $i = 0.2\%$，分别按单利和复利计息，问：一年后结算的年金终值各是多少？

解　因为本金是月初存入的，所以是存入最后一笔款项后存一期再结算，一年有 12 期，则单利年金终值为

$$F = \frac{n}{2}\left[2p + (n+1)p \cdot i\right] = \frac{12}{2}\left[2 \times 1000 + (12+1) \times 1000 \times 0.2\%\right]$$
$$= 12156(\text{元}),$$

复利年金终值为

$$F = \frac{p(1+i)\left[(1+i)^n - 1\right]}{i} = \frac{1000(1+0.2\%)\left[(1+0.2\%)^{12} - 1\right]}{0.2\%}$$
$$= 12157.15(\text{元}).$$

显然，复利计息的收益大于单利计息.

1.2.2　数列的极限

定义 1.11　当 n 无限增大（记为 $n \to \infty$）时，若数列 $\{x_n\}$ 无限接近于一个确定的常数 A，则称 A 为数列 $\{x_n\}$ 的**极限**，记为

$$\lim_{n \to \infty} x_n = A, \quad \text{或者} \quad x_n \to A(\text{当 } n \to \infty \text{ 时}).$$

例 1.6　观察下列数列的变化趋势，并写出它们的极限.

（1）$x_n = 2 - \dfrac{1}{n}$；　　　　（2）$x_n = -4.$

解　（1）当 $n \to \infty$ 时，$\left(2 - \dfrac{1}{n}\right) \to 2$，所以 $\lim\limits_{n \to \infty}\left(2 - \dfrac{1}{n}\right) = 2.$

（2）该数列为常数列，当 $n \to \infty$ 时，$x_n \to -4$，所以 $\lim\limits_{n \to \infty} -4 = -4.$

习题 1.2

1. 已知本金 $p = 1000$ 元，本利和 $F = 1200$ 元，期数 $n = 10$，求单利率 i.

2. 已知本金 $p = 2000$ 元，复利率 $i = 3\%$，要使本利和 F 达到 2400 元，问：需要经过多少期？

3. 每月初存入 3000 元的零存整取储蓄，单利计息，月利率 0.1%，问：全年（12 个月后）的本利和总额是多少？

4. 观察下列数列的变化趋势，并写出它们的极限.

（1）$x_n = \dfrac{1}{2^n}$；　　　　（2）$x_n = (-1)^n$；　　　　（3）$x_n = \dfrac{n + (-1)^n}{n}.$

1.3 函数的极限

1.3.1 当 $x \to \infty$ 时函数的极限

自变量 x 的绝对值 $|x|$ 无限增大，即趋向于无穷大，记作 $x \to \infty$.

下面我们来考察函数 $f(x) = \dfrac{1}{x}$ 的变化趋势. 当 $x \to \infty$ 时，可以看出对应的函数值无限接近于零，即当 $x \to \infty$ 时，$f(x) \to 0$.

定义 1.12 若当 $x \to \infty$ 时，函数 $f(x)$ 无限接近于一个确定的常数 A，则称 A 为函数 $f(x)$ 当 $x \to \infty$ 时的极限，记为

$$\lim_{x \to \infty} f(x) = A, \text{ 或者 } f(x) \to A(\text{当 } x \to \infty \text{ 时}).$$

根据上述定义可知，$\displaystyle\lim_{x \to \infty} \dfrac{1}{x} = 0$.

定义 1.13 若当 $x \to +\infty$（或 $x \to -\infty$）时，函数 $f(x)$ 无限接近于一个确定的常数 A，则称 A 为函数 $f(x)$ 当 $x \to +\infty$（或 $x \to -\infty$）时的极限，记为

$$\lim_{\substack{x \to +\infty \\ (x \to -\infty)}} f(x) = A, \text{ 或者 } f(x) \to A(\text{当 } x \to +\infty \text{ 或 } x \to -\infty \text{ 时}).$$

例如，$\displaystyle\lim_{x \to +\infty} \dfrac{1}{x} = 0$ 及 $\displaystyle\lim_{x \to -\infty} \dfrac{1}{x} = 0$，而且 $\displaystyle\lim_{x \to \infty} \dfrac{1}{x} = 0$.

又如，$\displaystyle\lim_{x \to +\infty} \arctan x = \dfrac{\pi}{2}$ 及 $\displaystyle\lim_{x \to -\infty} \arctan x = -\dfrac{\pi}{2}$，但 $\displaystyle\lim_{x \to \infty} \arctan x$ 不存在.

显然，$\displaystyle\lim_{x \to \infty} f(x) = A$ 的充要条件是 $\displaystyle\lim_{x \to +\infty} f(x) = \lim_{x \to -\infty} f(x) = A$.

1.3.2 当 $x \to x_0$ 时函数的极限

我们先介绍邻域的概念.

设 $\delta > 0$，则数集 $\{x \mid |x - x_0| < \delta\}$ 称为点 x_0 的 δ 邻域，记作 $U(x_0, \delta)$，即 $U(x_0, \delta) = (x_0 - \delta, x_0 + \delta)$，点 x_0 称为该邻域的中心，δ 称为该邻域的半径. 数集 $\{x \mid 0 < |x - x_0| < \delta\}$ 称为点 x_0 的去心 δ 邻域，记作 $U(\hat{x}_0, \delta)$，即 $U(\hat{x}_0, \delta) = (x_0 - \delta, x_0) \cup (x_0, x_0 + \delta)$.

下面我们来考察当 $x \to 1$ 时，函数 $f(x) = \dfrac{2x^2 - 2}{x - 1}$ 的变化趋势. 由图 1-2 可以看出对应的函数值无限接近于常数 4，即当 $x \to 1$ 时，$f(x) \to 4$.

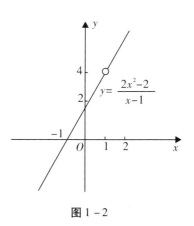

图 1-2

定义 1.14　设函数 $f(x)$ 在点 x_0 的某个去心邻域内有定义，当 x 以任意方向趋向 x_0 时，即 $x \to x_0$ 时，若函数 $f(x)$ 无限接近于一个确定的常数 A，则称 A 为函数 $f(x)$ 当 $x \to x_0$ 时的极限，记为

$$\lim_{x \to x_0} f(x) = A，或者 f(x) \to A（当 x \to x_0 时）.$$

根据上述定义可知，$\lim\limits_{x \to 1} \dfrac{2x^2 - 2}{x - 1} = 4.$

从上面的例子可以看出，当 $x \to x_0$ 时，函数 $f(x)$ 的极限与函数 $f(x)$ 在 $x = x_0$ 处是否有定义没有关系. 根据定义，容易得出下面的结论：

$$\lim_{x \to x_0} c = c（c 为常数），\lim_{x \to x_0} x = x_0.$$

1.3.3　左极限与右极限

定义 1.14 中的 "$x \to x_0$" 是指 x 既从 x_0 的左侧也从 x_0 的右侧趋向 x_0，下面给出 x 从 x_0 的一侧趋向 x_0 时函数极限的定义.

定义 1.15　设函数 $f(x)$ 在点 x_0 的某一个左侧邻域内有定义，当 x 从 x_0 的左侧趋向 x_0（记作 $x \to x_0^-$ 时，若函数 $f(x)$ 无限接近于一个确定的常数 A，则称 A 为函数 $f(x)$ 当 $x \to x_0$ 时的**左极限**，记为

$$\lim_{x \to x_0^-} f(x) = A，或者 f(x_0 - 0) = A.$$

若函数 $f(x)$ 在点 x_0 的某一个右侧邻域内有定义，当 x 从 x_0 的右侧趋向于 x_0（记作 $x \to x_0^+$ 时，若函数 $f(x)$ 无限接近于一个确定的常数 A，则称 A 为函数 $f(x)$ 当 $x \to x_0$ 时的**右极限**，记为

$$\lim_{x \to x_0^+} f(x) = A，或者 f(x_0 + 0) = A.$$

显然，$\lim\limits_{x \to x_0} f(x) = A$ 的充要条件是

$$f(x_0 - 0) = f(x_0 + 0) = A.$$

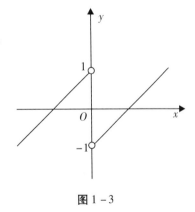

例 1.7　当 $x \to 0$ 时，讨论函数 $f(x) = \begin{cases} x + 1, & x < 0, \\ 0, & x = 0, \\ x - 1, & x > 0 \end{cases}$ 的极限.

解　由图 1-3 可知，

因为 $f(0 - 0) = \lim\limits_{x \to 0^-} f(x) = \lim\limits_{x \to 0^-} (x + 1) = 1$，

又 $f(0 + 0) = \lim\limits_{x \to 0^+} f(x) = \lim\limits_{x \to 0^+} (x - 1) = -1$，

即 $f(0 - 0) \neq f(0 + 0)$.

所以 $\lim\limits_{x \to 0} f(x)$ 不存在.

图 1-3

习题 1.3

1. 观察并写出下列函数的极限：

(1) $\lim\limits_{x \to 3}(3x + 2)$；

(2) $\lim\limits_{x \to \infty} \dfrac{1}{x + 1}$；

(3) $\lim\limits_{x \to -\infty} 3^x$；

(4) $\lim\limits_{x \to 0} \cos x$；

(5) $\lim\limits_{x \to \frac{\pi}{2}} \sin x$；

(6) $\lim\limits_{x \to 0^-} \dfrac{1}{x}$；

(7) $\lim\limits_{x \to 0^-} e^{\frac{1}{x}}$.

1.4　极限的四则运算法则

定理 1.1　设 $\lim\limits_{x \to x_0} f(x) = A$，$\lim\limits_{x \to x_0} g(x) = B$，则

(1) $\lim\limits_{x \to x_0}\left[f(x) \pm g(x)\right] = \lim\limits_{x \to x_0} f(x) \pm \lim\limits_{x \to x_0} g(x) = A \pm B$；

(2) $\lim\limits_{x \to x_0}\left[f(x) \cdot g(x)\right] = \lim\limits_{x \to x_0} f(x) \cdot \lim\limits_{x \to x_0} g(x) = A \cdot B$；

(3) 当 $B \neq 0$ 时，$\lim\limits_{x \to x_0} \dfrac{f(x)}{g(x)} = \dfrac{\lim\limits_{x \to x_0} f(x)}{\lim\limits_{x \to x_0} g(x)} = \dfrac{A}{B}\,(B \neq 0)$.

证明从略.

推论 1.1　若 $\lim\limits_{x \to x_0} f(x) = A$，则

(1) $\lim\limits_{x \to x_0}\left[cf(x)\right] = c \lim\limits_{x \to x_0} f(x) = cA$（$c$ 为常数）；

(2) $\lim\limits_{x \to x_0}\left[f(x)\right]^n = \left[\lim\limits_{x \to x_0} f(x)\right]^n = A^n$.

上述极限运算法则对于 $x \to \infty$ 的情形也是成立的．定理 1.1 中的(1)和(2)可以推广到有限个函数的情形.

例 1.8　求 $\lim\limits_{x \to 3}(x^2 - 2x + 3)$.

解　$\lim\limits_{x \to 3}(x^2 - 2x + 3) = \left(\lim\limits_{x \to 3} x\right)^2 - 2\lim\limits_{x \to 3} x + \lim\limits_{x \to 3} 3 = 3^2 - 2 \times 3 + 3 = 6$.

例 1.9　求 $\lim\limits_{x \to 2}(x^2 + 3)e^x$.

解　$\lim\limits_{x \to 2}(x^2 + 3)e^x = \lim\limits_{x \to 2}(x^2 + 3) \cdot \lim\limits_{x \to 2} e^x = (2^2 + 3) \cdot e^2 = 7e^2$.

例 1.10　求 $\lim\limits_{x \to -2} \dfrac{x - 1}{x^2 + 3}$.

解　$\lim\limits_{x \to -2} \dfrac{x - 1}{x^2 + 3} = \dfrac{\lim\limits_{x \to -2}(x - 1)}{\lim\limits_{x \to -2}(x^2 + 3)} = -\dfrac{3}{7}$.

例 1.11　求 $\lim\limits_{x \to 3} \dfrac{x-3}{x^2-9}$.

解　当 $x \to 3$ 时，分母的极限为零，这时不能用商的法则，由于当 $x \to 3$ 时，$x \neq 3$，因此在分式中约去公因式 $(x-3)$，这样就可以用商的法则，故

$$\lim_{x \to 3} \frac{x-3}{x^2-9} = \lim_{x \to 3} \frac{x-3}{(x+3)(x-3)} = \lim_{x \to 3} \frac{1}{x+3} = \frac{1}{6}.$$

例 1.12　求 $\lim\limits_{x \to 4} \dfrac{x^2-5x+4}{\sqrt{x}-2}$.

解　当 $x \to 4$ 时，分子、分母的极限均为零，这时不能用商的法则，可先对分母进行有理化. 由于当 $x \to 4$ 时，$x \neq 4$，因此在分式中约去公因式 $(x-4)$，这样就可以用运算法则，故

$$\lim_{x \to 4} \frac{x^2-5x+4}{\sqrt{x}-2} = \lim_{x \to 4} \frac{(x^2-5x+4)(\sqrt{x}+2)}{(\sqrt{x}-2)(\sqrt{x}+2)} = \lim_{x \to 4} \frac{(x-1)(x-4)(\sqrt{x}+2)}{x-4}$$
$$= \lim_{x \to 4} (x-1)(\sqrt{x}+2) = (4-1)(\sqrt{4}+2) = 12.$$

例 1.13　求 $\lim\limits_{x \to \infty} \dfrac{3x^2+5}{2x^2-3x+2}$.

解　当 $x \to \infty$ 时，分子、分母均为无穷大，不能用商的法则，但可以将分子、分母同除以 x^2，再求极限.

$$\lim_{x \to \infty} \frac{3x^2+5}{2x^2-3x+2} = \lim_{x \to \infty} \frac{3+\dfrac{5}{x^2}}{2-\dfrac{3}{x}+\dfrac{2}{x^2}} = \frac{\lim\limits_{x \to \infty}\left(3+\dfrac{5}{x^2}\right)}{\lim\limits_{x \to \infty}\left(2-\dfrac{3}{x}+\dfrac{2}{x^2}\right)} = \frac{3}{2}.$$

例 1.14　求 $\lim\limits_{x \to \infty} \dfrac{3x-2}{2x^2+5}$.

解　$\lim\limits_{x \to \infty} \dfrac{3x-2}{2x^2+5} = \lim\limits_{x \to \infty} \dfrac{\dfrac{3}{x}-\dfrac{2}{x^2}}{2+\dfrac{5}{x^2}} = \dfrac{\lim\limits_{x \to \infty}\left(\dfrac{3}{x}-\dfrac{2}{x^2}\right)}{\lim\limits_{x \to \infty}\left(2+\dfrac{5}{x^2}\right)} = \dfrac{0}{2} = 0.$

例 1.15　求 $\lim\limits_{x \to 1}\left(\dfrac{1}{1-x}-\dfrac{3}{1-x^3}\right)$.

解　当 $x \to 1$ 时，上式两项均为无穷大，不能用差的法则，但可以先通分，再求极限.

$$\lim_{x \to 1}\left(\frac{1}{1-x}-\frac{3}{1-x^3}\right) = \lim_{x \to 1} \frac{1+x+x^2-3}{1-x^3} = \lim_{x \to 1} \frac{(x-1)(x+2)}{(1-x)(1+x+x^2)} = \lim_{x \to 1} \frac{-(x+2)}{(1+x+x^2)} = -1.$$

习题 1.4

1. 计算下列极限.

　　(1) $\lim\limits_{x \to 2}(x^2-3x+3)$;
　　　　　　　　(2) $\lim\limits_{x \to 3} \dfrac{x}{x^2+2x-3}$;

(3) $\lim\limits_{x\to 0}(x^2+3)\cos x$;

(4) $\lim\limits_{x\to 0}\dfrac{2x^3-3x^2+5x}{6x^2-3x}$;

(5) $\lim\limits_{x\to\infty}\dfrac{2x^2+3x}{5x^2-2x-4}$;

(6) $\lim\limits_{x\to\infty}\dfrac{3x+2}{2x^3-x+6}$;

(7) $\lim\limits_{x\to 1}\dfrac{\sqrt{2-x}-\sqrt{x}}{x-1}$;

(8) $\lim\limits_{x\to 2}\left(\dfrac{1}{x-2}-\dfrac{4}{x^2-4}\right)$.

1.5 两个重要的极限

1.5.1 $\lim\limits_{x\to 0}\dfrac{\sin x}{x}=1$

考察当 $x\to 0$ 时，函数 $\dfrac{\sin x}{x}$ 的变化趋势如下：

x	± 0.5	± 0.1	± 0.01	± 0.001	……
$\dfrac{\sin x}{x}$	0.958851	0.998334	0.999983	0.999999	……

由上表可以看出，当 $x\to 0$ 时，$\dfrac{\sin x}{x}\to 1$.

可以证明(证明从略)，$\lim\limits_{x\to 0}\dfrac{\sin x}{x}=1$.

例 1.16　求 $\lim\limits_{x\to 0}\dfrac{\sin 3x}{x}$.

解　设 $3x=t$，则当 $x\to 0$ 时，$t\to 0$，故

$$\lim_{x\to 0}\frac{\sin 3x}{x}=\lim_{x\to 0}\left(3\cdot\frac{\sin 3x}{3x}\right)=3\lim_{x\to 0}\frac{\sin 3x}{3x}=3\lim_{x\to 0}\frac{\sin t}{t}=3.$$

例 1.17　求 $\lim\limits_{x\to 0}\dfrac{\tan x}{x}$.

解　$\lim\limits_{x\to 0}\dfrac{\tan x}{x}=\lim\limits_{x\to 0}\left(\dfrac{\sin x}{x}\cdot\dfrac{1}{\cos x}\right)=\lim\limits_{x\to 0}\dfrac{\sin x}{x}\cdot\lim\limits_{x\to 0}\dfrac{1}{\cos x}=1.$

例 1.18　求 $\lim\limits_{x\to 0}\dfrac{1-\cos x}{x^2}$.

解　$\lim\limits_{x\to 0}\dfrac{1-\cos x}{x^2}=\lim\limits_{x\to 0}\dfrac{2\sin^2\dfrac{x}{2}}{x^2}=\lim\limits_{x\to 0}\dfrac{1}{2}\left(\dfrac{\sin\dfrac{x}{2}}{\dfrac{x}{2}}\right)^2=\dfrac{1}{2}.$

例 1.19　求 $\lim\limits_{\theta\to\frac{\pi}{2}}\dfrac{\cos\theta}{\frac{\pi}{2}-\theta}$.

解　当 $\theta\to\dfrac{\pi}{2}$ 时，$\dfrac{\pi}{2}-\theta\to0$，故

$$\lim_{\theta\to\frac{\pi}{2}}\frac{\cos\theta}{\frac{\pi}{2}-\theta}=\lim_{\theta\to\frac{\pi}{2}}\frac{\sin\left(\frac{\pi}{2}-\theta\right)}{\frac{\pi}{2}-\theta}=1.$$

1.5.2　$\lim\limits_{x\to\infty}\left(1+\dfrac{1}{x}\right)^{x}=\mathrm{e}$

列表考察当 $x\to+\infty$ 及 $x\to-\infty$ 时，函数 $\left(1+\dfrac{1}{x}\right)^{x}$ 的变化趋势如下：

x	1	10	100	1000	10000	100000	……
$\left(1+\dfrac{1}{x}\right)^{x}$	2	2.59	2.705	2.717	2.718	2.71827	……

x	-10	-100	-1000	-10000	-100000	……
$\left(1+\dfrac{1}{x}\right)^{x}$	2.88	2.732	2.720	2.7183	2.71828	……

可以看出，当 $x\to+\infty$ 及 $x\to-\infty$ 时，函数 $\left(1+\dfrac{1}{x}\right)^{x}$ 的值无限接近于一个常数. 可以证明（证明从略），当 $x\to+\infty$ 及 $x\to-\infty$ 时，函数 $\left(1+\dfrac{1}{x}\right)^{x}$ 的极限都存在而且相等，我们用 e 表示这个极限，即

$$\lim_{x\to\infty}\left(1+\frac{1}{x}\right)^{x}=\mathrm{e}. \tag{1-1}$$

这个数 e 是个无理数，它的值是 $\mathrm{e}=2.718281828459045\cdots$.

在式（1-1）中，设 $\dfrac{1}{x}=t$，则 $x\to\infty$ 时，$t\to0$，于是式（1-1）又可写成

$$\lim_{t\to0}(1+t)^{\frac{1}{t}}=\mathrm{e}, \quad 即 \lim_{x\to0}(1+x)^{\frac{1}{x}}=\mathrm{e}.$$

例 1.20　求 $\lim\limits_{x\to\infty}\left(1+\dfrac{2}{x}\right)^{x}$.

解　$\lim\limits_{x\to\infty}\left(1+\dfrac{2}{x}\right)^{x}=\lim\limits_{x\to\infty}\left[\left(1+\dfrac{1}{\frac{x}{2}}\right)^{\frac{x}{2}}\right]^{2}$.

令 $\dfrac{x}{2}=t$，则 $x\to\infty$ 时，$t\to\infty$，故

$$\lim_{x\to\infty}\left(1+\frac{2}{x}\right)^{x}=\lim_{t\to\infty}\left[\left(1+\frac{1}{t}\right)^{t}\right]^{2}=\left[\lim_{t\to\infty}\left(1+\frac{1}{t}\right)^{t}\right]^{2}=\mathrm{e}^{2}.$$

例 1.21 求 $\lim\limits_{x \to \infty}\left(1 - \dfrac{1}{x}\right)^{x}$.

解 $\lim\limits_{x \to \infty}\left(1 - \dfrac{1}{x}\right)^{x} = \lim\limits_{-x \to \infty}\left[\left(1 + \dfrac{1}{-x}\right)^{-x}\right]^{-1} = \left[\lim\limits_{-x \to \infty}\left(1 + \dfrac{1}{-x}\right)^{-x}\right]^{-1} = e^{-1}$.

例 1.22 求 $\lim\limits_{x \to 0}(1 + \tan x)^{\cot x}$.

解 $\lim\limits_{x \to 0}(1 + \tan x)^{\cot x} = \lim\limits_{\cot x \to \infty}\left(1 + \dfrac{1}{\cot x}\right)^{\cot x} = e$.

习题 1.5

1. 计算下列极限.

(1) $\lim\limits_{x \to 0}\dfrac{\sin 3x}{\sin 5x}$;

(2) $\lim\limits_{x \to 0}\dfrac{\sin^2 2x}{x^2}$;

(3) $\lim\limits_{x \to \frac{\pi}{2}}\dfrac{\cos x}{x - \dfrac{\pi}{2}}$;

(4) $\lim\limits_{x \to 0}\dfrac{\arcsin x}{x}$;

(5) $\lim\limits_{x \to 0}\dfrac{\tan 5x}{x}$;

(6) $\lim\limits_{x \to 1}\dfrac{\sin(x^2 - 1)}{x - 1}$;

(7) $\lim\limits_{x \to 0}\dfrac{\sqrt{2} - \sqrt{1 + \cos x}}{\sin^2 x}$.

2. 计算下列极限.

(1) $\lim\limits_{x \to \infty}\left(1 + \dfrac{1}{2x}\right)^{x}$;

(2) $\lim\limits_{x \to \frac{\pi}{2}}(1 + \cot x)^{\tan x}$;

(3) $\lim\limits_{x \to \infty}\left(1 + \dfrac{1}{x}\right)^{-x}$;

(4) $\lim\limits_{x \to \infty}\left(1 - \dfrac{3}{x}\right)^{-x}$;

(5) $\lim\limits_{x \to 0}(1 - 2x)^{\frac{1}{x}}$;

(6) $\lim\limits_{x \to 1}x^{\frac{1}{x-1}}$.

1.6 无穷小量与无穷大量

1.6.1 无穷小量

定义 1.16 当 $x \to x_0$(或 $x \to \infty$)时,若函数 $f(x)$ 的极限为零,则称函数 $f(x)$ 是当 $x \to x_0$(或 $x \to \infty$)时的无穷小量,简称无穷小.

例如,因为 $\lim\limits_{x \to 2}(x - 2) = 0$,所以 $x - 2$ 是当 $x \to 2$ 时的无穷小;又如,因为 $\lim\limits_{x \to 2}\dfrac{1}{x} \ne 0$,所以 $\dfrac{1}{x}$ 是当 $x \to \infty$ 时的无穷小.

无穷小具有下列性质.

性质 1.1 有限个无穷小的代数和是无穷小.

性质 1.2　有界函数与无穷小的乘积是无穷小.

性质 1.3　有限个无穷小的乘积是无穷小.

上述性质证明从略.

例 1.22　求 $\lim\limits_{x\to 0} x\sin\dfrac{1}{x}$.

解　当 $x\to 0$ 时, 因为 $\sin\dfrac{1}{x}$ 极限不存在, 所以不能用极限积的法则. 因为 $\lim\limits_{x\to 0}x=0$, 所以 x 是当 $x\to 0$ 时的无穷小. 又因为 $\left|\sin\dfrac{1}{x}\right|\leq 1$, 所以 $\sin\dfrac{1}{x}$ 是有界函数. 根据性质 1.2 可知, $\lim\limits_{x\to 0}x\sin\dfrac{1}{x}=0.$

下面的定理说明函数、函数的极限与无穷小三者之间的关系.

定理 1.2　$\lim\limits_{\substack{x\to x_0\\(x\to\infty)}}f(x)=A$ 的充要条件是 $f(x)=A+\alpha$, 其中 α 是当 $x\to x_0$ (或 $x\to\infty$) 时的无穷小.

例如, $\lim\limits_{x\to 5}(x-2)=3$, 则 $x-2=3+(x-5)$, 可知 $\alpha=x-5$ 是当 $x\to 5$ 时的无穷小.

1.6.2　无穷大量

定义 1.17　当 $x\to x_0$ (或 $x\to\infty$) 时, 若函数 $f(x)$ 的绝对值无限增大, 则称函数 $f(x)$ 是当 $x\to x_0$ (或 $x\to\infty$) 时的无穷大量, 简称无穷大, 记为 $\lim\limits_{\substack{x\to x_0\\(x\to\infty)}}f(x)=\infty.$

例如, 因为 $\lim\limits_{x\to 2}\dfrac{1}{x-2}=\infty$, 所以 $\dfrac{1}{x-2}$ 是当 $x\to 2$ 时的无穷大; 又如, 因为 $\lim\limits_{x\to\infty}x=\infty$, 所以 x 是当 $x\to\infty$ 时的无穷大.

在同一变化过程中, 无穷小与无穷大之间有以下的倒数关系.

定理 1.3　若 $\lim\limits_{\substack{x\to x_0\\(x\to\infty)}}f(x)=\infty$, 则 $\lim\limits_{\substack{x\to x_0\\(x\to\infty)}}\dfrac{1}{f(x)}=0$; 反之, 若 $\lim\limits_{\substack{x\to x_0\\(x\to\infty)}}f(x)=0$, 且 $f(x)\neq 0$, 则 $\lim\limits_{\substack{x\to x_0\\(x\to\infty)}}\dfrac{1}{f(x)}=\infty.$

例 1.24　求 $\lim\limits_{x\to\infty}\dfrac{3x^3-2}{2x^2+5}$.

解　因为 $\lim\limits_{x\to\infty}\dfrac{2x^2+5}{3x^3-2}=\lim\limits_{x\to\infty}\dfrac{\dfrac{2}{x}+\dfrac{5}{x^3}}{3-\dfrac{2}{x^3}}=0,$

所以 $\lim\limits_{x\to\infty}\dfrac{3x^3-2}{2x^2+5}=\infty.$

归纳上例以及第四节的例 1.13、例 1.14, 可得出以下一般结论:

设 $a_0\neq 0$, $b_0\neq 0$, m, n 为正整数, 则

$$\lim_{x \to \infty} \frac{a_0 x^n + a_1 x^{n-1} + \cdots + a_n}{b_0 x^m + b_1 x^{m-1} + \cdots + a_m} = \begin{cases} \dfrac{a_0}{b_0}, m = n, \\ 0, m > n, \\ \infty, m < n. \end{cases}$$

1.6.3 无穷小的比较

我们已经知道，两个无穷小的代数和及乘积仍然是无穷小，但两个无穷小的商不一定是无穷小. 例如，当 $x \to 0$ 时，函数 x，$2x$，x^2 都是无穷小，而

$$\lim_{x \to 0} \frac{x^2}{x} = 0, \lim_{x \to 0} \frac{x}{x^2} = \infty, \lim_{x \to 0} \frac{2x}{x} = 2.$$

定义 1.18 设 α 和 β 都是同一变化过程中的无穷小，$\lim \dfrac{\beta}{\alpha}$ 也是这同一变化过程中的极限.

（1）若 $\lim \dfrac{\beta}{\alpha} = 0$，则称 β 是比 α 高阶的无穷小，记作 $\beta = o(\alpha)$；

（2）若 $\lim \dfrac{\beta}{\alpha} = \infty$，则称 β 是比 α 低阶的无穷小；

（3）若 $\lim \dfrac{\beta}{\alpha} = c \neq 0$，则称 β 与 α 为同阶的无穷小，特别地，当常数 $c = 1$ 时，称 β 与 α 为等价无穷小，记作 $\beta \sim \alpha$.

根据定义 1.18 可知，当 $x \to 0$ 时，x^2 是比 x 高阶的无穷小；x 是比 x^2 低阶的无穷小；$2x$ 是与 x 同阶的无穷小.

可以证明：当 $x \to 0$ 时，有下列各组等价无穷小：$\sin x \sim x$，$\tan x \sim x$，$1 - \cos x \sim \dfrac{x^2}{2}$，$\arcsin x \sim x$，$\arctan x \sim x$，$\mathrm{e}^x - 1 \sim x$，$\ln(1 + x) \sim x$.

等价无穷小可以简化某些极限的计算，有下面的定理.

定理 1.4 当 $x \to x_0$ 时，设 $\alpha \sim \alpha^*$，$\beta \sim \beta^*$，且 $\lim\limits_{x \to x_0} \dfrac{\beta^*}{\alpha^*}$ 存在，则 $\lim\limits_{x \to x_0} \dfrac{\beta}{\alpha} = \lim\limits_{x \to x_0} \dfrac{\beta^*}{\alpha^*}$.

证明 $\lim\limits_{x \to x_0} \dfrac{\beta}{\alpha} = \lim\limits_{x \to x_0} \left(\dfrac{\beta}{\beta^*} \cdot \dfrac{\beta^*}{\alpha^*} \cdot \dfrac{\alpha^*}{\alpha} \right) = \lim\limits_{x \to x_0} \dfrac{\beta}{\beta^*} \cdot \lim\limits_{x \to x_0} \dfrac{\beta^*}{\alpha^*} \cdot \lim\limits_{x \to x_0} \dfrac{\alpha^*}{\alpha} = \lim\limits_{x \to x_0} \dfrac{\beta^*}{\alpha^*}$.

例 1.25 求 $\lim\limits_{x \to 0} \dfrac{\tan x (1 - \cos x)}{x^3}$.

解 当 $x \to 0$ 时，$\tan x \sim x$，$1 - \cos x \sim \dfrac{x^2}{2}$，故

$$\lim_{x \to 0} \frac{\tan x (1 - \cos x)}{x^3} = \lim_{x \to 0} \frac{x \cdot \dfrac{x^2}{2}}{x^3} = \lim_{x \to x_0} \frac{1}{2} = \frac{1}{2}.$$

习题 1.6

1. 在相应的变化趋势下，下列函数中哪些是无穷小，哪些是无穷大？

(1) $\dfrac{x+2}{x}(x\to 0)$；

(2) $3^x(x\to -\infty)$；

(3) $\sin x(x\to 0)$；

(4) $\log_2{}^x(x\to 1)$.

2. 下列函数，在什么变化趋势下是无穷小？在什么变化趋势下是无穷大？

(1) $\dfrac{x+3}{x^2-1}$；

(2) $\ln x$；

(3) $3+\dfrac{1}{x}$；

(4) $\dfrac{1}{2^x}$；

(5) $\tan x$，$x\in\left[\dfrac{\pi}{4},\dfrac{7\pi}{4}\right]$；

(6) $e^{\frac{1}{x}}$.

3. 求下列极限.

(1) $\lim\limits_{x\to\infty}\dfrac{\sin x}{x}$；

(2) $\lim\limits_{x\to\infty}\dfrac{\arccos x}{x}$；

(3) $\lim\limits_{x\to 0}x\cos\dfrac{1}{x}$.

4. 当 $x\to 1$ 时，试比较两个无穷小 $1-x$ 与 $1-\sqrt[3]{x}$ 的阶数的高低.

5. 用等价无穷小代换计算下列极限.

(1) $\lim\limits_{x\to 0}\dfrac{\tan ax}{\sin bx}$；

(2) $\lim\limits_{x\to 0}\dfrac{3x}{\sin\frac{x}{2}}$；

(3) $\lim\limits_{x\to 0}\dfrac{\tan 3x\cdot\sin 5x}{x^2}$；

(4) $\lim\limits_{x\to 0}\dfrac{(e^x-1)\ln(1+3x)}{x\arcsin 2x}$.

1.7 函数的连续性

1.7.1 连续函数的定义

自然界中很多变量都是连续变化的，例如，气温随时间的变化而变化，当时间变化很微小时，气温的变化也很微小，反映在数学上就是函数的连续性.

1.7.1.1 函数的改变量

定义 1.19 设函数 $y=f(x)$ 在点 x_0 的某个邻域内有定义，当自变量从 x_0 变到 x，相应的函数值从 $f(x_0)$ 变到 $f(x)$，称 $x-x_0$ 为自变量的改变量（或称为增量），记作 $\Delta x=x-x_0$，它可正可负；称 $f(x)-f(x_0)$ 为函数的改变量（或称增量），记作 $\Delta y=f(x)-f(x_0)$，或 $\Delta y=f(x_0+\Delta x)-f(x_0)$.

例 1. 26   当 $x_0 = 2$，$\Delta x = 0.1$ 时，求函数 $y = x^2$ 的改变量.

解 $\Delta y = f(x_0 + \Delta x) - f(x_0) = f(2 + 0.1) - f(2) = f(2.1) - f(2)$

$\qquad = 2.1^2 - 2^2 = 0.41.$

1.7.1.2 函数在点 x_0 的连续性

定义 1. 20   设函数 $y = f(x)$ 在点 x_0 的某个邻域内有定义，若 $\lim\limits_{\Delta x \to 0} \Delta y = \lim\limits_{\Delta x \to 0} [f(x_0 + \Delta x) - f(x_0)] = 0$，则称函数 $y = f(x)$ 在点 x_0 处**连续**，x_0 称为 $f(x)$ 的**连续点**.

在上述定义中，设 $x_0 + \Delta x = x$，则 $\Delta y = f(x_0 + \Delta x) - f(x_0) = f(x) - f(x_0)$，$\Delta x \to 0$，即 $x \to x_0$；$\Delta y \to 0$，即 $f(x) \to f(x_0)$. 故定义 1.20 可叙述为定义 1.21.

定义 1. 21   设函数 $y = f(x)$ 在点 x_0 的某个邻域内有定义，若 $\lim\limits_{x \to x_0} f(x) = f(x_0)$，则称函数 $y = f(x)$ 在点 x_0 处连续.

例 1. 27   讨论函数 $y = x^2$ 在 $x = 2$ 处的连续性.

解法 1   因为 $\Delta y = f(2 + \Delta x) - f(2) = (2 + \Delta x)^2 - 2^2 = 4\Delta x + (\Delta x)^2$，

所以 $\lim\limits_{\Delta x \to 0} \Delta y = \lim\limits_{\Delta x \to 0} (4\Delta x + (\Delta x)^2) = 0$，

所以函数 $y = x^2$ 在 $x = 2$ 处连续.

解法 2   因为 $\lim\limits_{x \to 2} f(x) = \lim\limits_{x \to 2} x^2 = (\lim\limits_{x \to 2} x)^2 = 2^2 = 4$，

又因为 $f(2) = 2^2 = 4$，

所以 $\lim\limits_{x \to 2} f(x) = f(2)$，

所以函数 $y = x^2$ 在 $x = 2$ 处连续.

若函数 $f(x)$ 在开区间 (a, b) 内每一点都连续，则称函数 $f(x)$ 在区间 (a, b) 内连续，区间 (a, b) 称为函数的连续区间. 若函数 $f(x)$ 在开区间 (a, b) 内连续，并且 $[c, d] \subset (a, b)$，则函数 $f(x)$ 在闭区间 $[c, d]$ 上连续. 在连续区间上，连续函数的图像是一条连绵不断的曲线.

初等函数在其定义域区间内是连续的. 若 x_0 是函数 $f(x)$ 定义区间内的点，则 $\lim\limits_{x \to x_0} f(x) = f(x_0).$

例 1. 28   设 $f(x) = x^2 + \sqrt{x - 2}$，求 $\lim\limits_{x \to 3} f(x).$

解   因为函数 $f(x)$ 的定义域是 $[2, +\infty)$，而 $3 \in [2, +\infty)$，

所以 $\lim\limits_{x \to 3} f(x) = f(3) = 3^2 + \sqrt{3 - 2} = 10.$

定义 1. 22   若函数 $f(x)$ 在点 x_0 不连续，则称函数 $f(x)$ 在点 x_0 间断，x_0 称为函数 $f(x)$ 的间断点或不连续点. 若点 x_0 的左右极限都存在，则称点 x_0 为第一类间断点；若点 x_0 的左右极限至少有一个不存在，则称点 x_0 为第二类间断点.

1.7.2 闭区间上连续函数的性质

定理 1.5(最大值和最小值定理)   设函数 $f(x)$ 在闭区间 $[a, b]$ 上连续，则在 $[a, b]$ 上至少存在两点 x_1，x_2，使对于任何 $x \in [a, b]$，都有 $f(x_1) \leqslant f(x) \leqslant f(x_2)$. 其中，$f(x_1)$ 和 $f(x_2)$ 分别称为函数 $f(x)$ 在闭区间 $[a, b]$ 上的**最小值**和**最大值**.

定理 1.6(介值定理)　设函数 $f(x)$ 在闭区间 $[a,b]$ 上连续，M 和 m 分别是 $f(x)$ 在 $[a,b]$ 上的最大值和最小值，则对于满足 $m \leqslant \mu \leqslant M$ 的任何实数 μ，至少存在一点 $\xi \in [a,b]$，使 $f(\xi) = \mu$.

定理 1.6 指出，闭区间 $[a,b]$ 上的连续函数 $f(x)$ 可以取遍 M 和 m 之间的一切值. 这个性质反映了函数连续变化的特征，其几何意义是：闭区间上的连续曲线 $y = f(x)$ 与水平直线 $y = \mu (m \leqslant \mu \leqslant M)$ 至少有一个交点.

习题 1.7

1. 函数 $f(x) = \begin{cases} a + x, & x < 0, \\ \mathrm{e}^x, & x \geqslant 0, \end{cases}$ 试问：当 a 取何值时，函数在定义域内连续？

2. 求下列函数的极限.

(1) $\lim\limits_{x \to 1} \sqrt{x^2 - 2x + 5}$;

(2) $\lim\limits_{x \to 0} \dfrac{\cos 2x}{\sqrt{4 + x}}$.

复习题 1

1. 求下列极限：

(1) $\lim\limits_{x \to 2} (2x^2 - 3x - 4)$;

(2) $\lim\limits_{x \to 2} (x^2 \mathrm{e}^x)$;

(3) $\lim\limits_{x \to \frac{\pi}{2}} \dfrac{\sin x}{x}$;

(4) $\lim\limits_{x \to 3} \dfrac{x^2 - 7x + 12}{x^2 - 5x + 6}$;

(5) $\lim\limits_{x \to 4} \dfrac{\sqrt{x} - 2}{x^2 - 5x + 4}$;

(6) $\lim\limits_{x \to 8} \dfrac{\sqrt{x+1} - 3}{\sqrt{x+8} - 4}$;

(7) $\lim\limits_{x \to \frac{\pi}{4}} \dfrac{\cos 2x}{\cos x - \sin x}$;

(8) $\lim\limits_{x \to \infty} \dfrac{2 - x^2}{2x^2 - 3x - 4}$;

(9) $\lim\limits_{x \to \infty} \dfrac{3x^2 - 4x + 2}{5x^5 + 3x - 1}$;

(10) $\lim\limits_{x \to \infty} \dfrac{5x^4 + 2x}{2x^3 - 3x^2 + 4}$;

(11) $\lim\limits_{x \to 8} \dfrac{x - 8}{\sqrt[3]{x} - 2}$;

(12) $\lim\limits_{x \to 1} \left(\dfrac{2}{x^2 - 1} - \dfrac{1}{x - 1} \right)$.

2. 已知 a、b 为常数，若 $\lim\limits_{x \to \infty} \dfrac{ax^2 + bx + 5}{3x - 1} = 2$，则 a 和 b 分别是多少？

3. 已知 a、b 为常数，若 $\lim\limits_{x \to 1} \dfrac{ax + b}{x - 1} = 2$，则 a 和 b 分别是多少？

第2章 导　　数

导数与微分是微分学的两个基本概念，本章从实际问题引出一元函数的导数与微分的概念，并讨论导数的计算方法及其应用.

2.1　导数的概念

2.1.1　引例

首先给出曲线的切线的概念.

定义 2.1　设点 P_0 是平面曲线 L 上的一个定点，点 P 是 L 上的动点，当点 P 沿曲线 L 无限趋近点 P_0 时，若割线 P_0P 存在极限位置 P_0T，则称直线 P_0T 为曲线 L 在 P_0 处的**切线**，如图 $2-1$ 所示.

例 2.1　设平面曲线的方程为 $y = f(x)$，求曲线上某点 $P_0(x_0, y_0)$ 处的切线斜率.

解　在曲线 L 上点 $P_0(x_0, y_0)$ 的邻近任取点 $P(x_0 + \Delta x, y_0 + \Delta y)$，则割线 P_0P 的斜率为

$$\tan\varphi = \frac{\Delta y}{\Delta x} = \frac{f(x_0 + \Delta x) - f(x_0)}{\Delta x}.$$

其中，φ 是割线 P_0P 的倾斜角. 当点 P 沿曲线 L 无限趋近点 P_0，即 $\Delta x \to 0$ 时，若割线 P_0P 的极限位置 P_0T 的倾斜角为 α，则 P_0T 的斜率

$$\tan\alpha = \lim_{P \to P_0} \tan\varphi = \lim_{\Delta x \to 0} \frac{\Delta y}{\Delta x} = \lim_{\Delta x \to 0} \frac{f(x_0 + \Delta x) - f(x_0)}{\Delta x}.$$

例 2.2　设一质点做变速直线运动，位置函数为 $s = s(t)$，如图 $2-2$ 所示. 求质点在某一时刻 t_0 的瞬时速度，

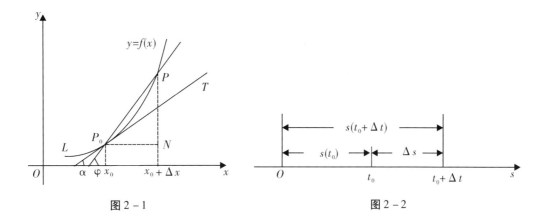

图 2 - 1　　　　　　　　　　　　　　图 2 - 2

解　我们考虑从 t_0 到 $t_0 + \Delta t$ 这一时间间隔，在这一时间间隔内质点经过的路程为 $\Delta s = s(t_0 + \Delta t) - s(t_0)$.

于是比值 $\dfrac{\Delta s}{\Delta t}$ 就是质点在 t_0 到 $t_0 + \Delta t$ 这段时间内的平均速度，记为 $\bar{v}$，即

$$\bar{v} = \frac{\Delta s}{\Delta t} = \frac{s(t_0 + \Delta t) - s(t_0)}{\Delta t}.$$

$\bar{v}$ 可作为质点在时刻 t_0 的瞬时速度的近似值，显然，$|\Delta t|$ 越小，近似程度越好. 令 $\Delta t \to 0$，若 $\bar{v}$ 的极限存在，则此极限就是质点在时刻 t_0 的瞬时速度 $v(t_0)$，即

$$v(t_0) = \lim_{\Delta t \to 0} \frac{\Delta s}{\Delta t} = \lim_{\Delta t \to 0} \frac{s(t_0 + \Delta t) - s(t_0)}{\Delta t}.$$

2.1.2　导数的定义

上面两个例子，虽然具体意义不同，但解决问题的方法和步骤都是一样的，即

（1）对应于自变量的增量 Δx，求出函数的增量 $\Delta y = f(x_0 + \Delta x) - f(x_0)$；

（2）算出函数的增量和自变量增量的比值 $\dfrac{\Delta y}{\Delta x}$（称为函数的平均变化率）；

（3）当自变量的增量 $\Delta x \to 0$ 时，求比值 $\dfrac{\Delta y}{\Delta x}$ 的极限（称为函数在一点的变化率或瞬时变化率）.

经过这样的抽象，我们就得到了微分学的基本概念——导数的概念.

定义 2.2　设函数 $y = f(x)$ 在点 x_0 的某一邻域 $U(x_0, \delta)$ 内有定义，在 x_0 处给自变量 x 一个增量 Δx，且 $x_0 + \Delta x \in U(x_0, \delta)$，相应地函数 y 有增量，若极限

$$\lim_{\Delta x \to 0} \frac{\Delta y}{\Delta x} = \lim_{\Delta x \to 0} \frac{f(x_0 + \Delta x) - f(x_0)}{\Delta x} \tag{2-1}$$

存在，则称函数 $y = f(x)$ 在点 x_0 处可导，并称此极限值为函数 $f(x)$ 在点 x_0 处的**导数**，或称函数在 x_0 处的变化率，记作 $f'(x_0)$，即

$$f'(x_0) = \lim_{\Delta x \to 0} \frac{\Delta y}{\Delta x} = \lim_{\Delta x \to 0} \frac{f(x_0 + \Delta x) - f(x_0)}{\Delta x}.$$

也可以记作 $y' \mid_{x=x_0}$，$\dfrac{\mathrm{d}y}{\mathrm{d}x}\bigg|_{x=x_0}$ 或 $\dfrac{\mathrm{d}f(x)}{\mathrm{d}x}\bigg|_{x=x_0}$.

若式(2-1)表示的极限不存在，则称函数 $y=f(x)$ 在 x_0 处不可导.

令 $x_0+\Delta x=x$，则 $\Delta x=x-x_0$，当 $\Delta x\to 0$ 时，有 $x\to x_0$，因此函数 $f(x)$ 在 x_0 点处的导数 $f'(x_0)$ 也可表示为

$$f'(x_0)=\lim_{x\to x_0}\frac{f(x)-f(x_0)}{x-x_0}. \tag{2-2}$$

根据导数的定义，例 2.1 和例 2.2 的结果可分别表示为：

（1）曲线 $y=f(x)$ 上点 $P_0(x_0,\ y_0)$ 处的切线斜率 $\tan\alpha=f'(x_0)$.

（2）变速直线运动的质点在 t_0 时刻的瞬时速度就是位置函数 $s=s(t)$ 在 t_0 处的对时间 t 的导数，即

$$v(t_0)=s'(t_0)=\frac{\mathrm{d}s}{\mathrm{d}t}\bigg|_{t=t_0}.$$

若函数 $y=f(x)$ 在区间 (a,b) 内的每一点都可导，则称函数 $y=f(x)$ 在区间 (a,b) 内可导，这时，对于 (a,b) 内的每一个确定的 x 值，都对应着一个确定的函数值 $f'(x)$，于是就确定了一个新的函数 $f'(x)$，称函数 $f'(x)$ 为函数 $y=f(x)$ 的导函数，用 $f'(x)$、y' 或 $\dfrac{\mathrm{d}y}{\mathrm{d}x}$ 等来表示，即

$$f'(x)=\frac{\mathrm{d}y}{\mathrm{d}x}=\lim_{\Delta x\to 0}\frac{f(x+\Delta x)-f(x)}{\Delta x},x\in(a,b).$$

在不致发生混淆的情况下，导函数也简称为导数.

为了便于应用，我们把基本初等函数的求导公式归纳如下：

（1）$(C)'=0$（C 为常数）； 　（2）$(x^{\mu})'=\mu x^{\mu-1}$；

（3）$(\log_a x)'=\dfrac{1}{x\ln a}$； 　（4）$(\ln x)'=\dfrac{1}{x}$；

（5）$(a^x)'=a^x\ln a$； 　（6）$(\mathrm{e}^x)'=\mathrm{e}^x$；

（7）$(\sin x)'=\cos x$； 　（8）$(\cos x)'=-\sin x$；

（9）$(\tan x)'=\dfrac{1}{\cos^2 x}=\sec^2 x$； 　（10）$(\cot x)'=-\dfrac{1}{\sin^2 x}=-\csc^2 x$；

（11）$(\sec x)'=\sec x\cdot\tan x$； 　（12）$(\csc x)'=-\csc x\cdot\cot x$；

（13）$(\arcsin x)'=\dfrac{1}{\sqrt{1-x^2}}$； 　（14）$(\arccos x)'=-\dfrac{1}{\sqrt{1-x^2}}$；

（15）$(\arctan x)'=\dfrac{1}{1+x^2}$； 　（16）$(\mathrm{arccot}\,x)'=-\dfrac{1}{1+x^2}$.

例 2.3 求函数 $y=9$ 的导数.

解 根据公式 $(C)'=0$（C 为常数），得 $(9)'=0$.

例 2.4 求函数 $y=x^2$ 在点 $x=1$ 的导数 $y'\mid_{x=1}$.

解 根据公式 $(x^{\mu})'=\mu x^{\mu-1}$，得 $(x^2)'=2x^{2-1}=2x$，故 $y'\mid_{x=1}=2x\mid_{x=1}=2$.

例 2.5　求函数 $y = \sqrt{x}$ 在点 $x_0 (x_0 > 0)$ 处的导数.

解　根据公式 $(x^\mu)' = \mu x^{\mu-1}$，$(\sqrt{x})' = (x^{\frac{1}{2}})' = \frac{1}{2} x^{\frac{1}{2}-1} = \frac{1}{2} x^{-\frac{1}{2}} = \frac{1}{2\sqrt{x}}$，

则 $y' \Big|_{x=x_0} = \frac{1}{2\sqrt{x}} \Big|_{x=x_0} = \frac{1}{2\sqrt{x_0}}$．

例 2.6　求函数 $y = \ln x$ 在 $x = 2$ 处的导数.

解　由公式 $(\ln x)' = \frac{1}{x}$，得 $y' \Big|_{x=2} = \frac{1}{x} \Big|_{x=2} = \frac{1}{2}$．

2.1.3　导数的几何意义

因为曲线 $y = f(x)$ 上点 $P_0(x_0, y_0)$ 处切线的斜率为 $f'(x_0)$，所以导数 $f'(x_0)$ 的几何意义是曲线 $y = f(x)$ 上点 $P_0(x_0, y_0)$ 处的切线斜率.

过切点 $P_0(x_0, y_0)$ 且垂直于切线的直线称为曲线 $y = f(x)$ 在点 P_0 处的**法线**.

若曲线 $y = f(x)$ 在点 x_0 处可导，则曲线 $y = f(x)$ 在点 P_0 处的切线方程与法线方程分别为 $y - y_0 = f'(x_0)(x - x_0)$ 和 $y - y_0 = -\frac{1}{f'(x_0)}(x - x_0)$，$f'(x_0) \neq 0$.

例 2.7　求曲线 $y = x^2$ 在点 $(1, 1)$ 处的切线方程及法线方程.

解　由导数的几何意义可知，曲线 $y = x^2$ 在点 $(1, 1)$ 处的切线斜率为 $y' \big|_{x=1} = 2$，故切线方程为 $y - 1 = 2(x - 1)$，即 $2x - y - 1 = 0$；法线方程为 $y - 1 = -\frac{1}{2}(x - 1)$，即 $x + 2y - 3 = 0$.

导数的力学意义：速度函数 $v(t)$ 是位置函数 $s(t)$ 对时间 t 的导数，即 $s'(t) = v(t)$.

习题 2.1

1. 填空题.

(1) 函数 $y = x^2 + 1$，当 x 由 1 变到 3 时，函数的平均变化率 $\frac{\Delta y}{\Delta x} = $ ＿＿＿＿＿＿.

(2) 函数 $y = x^3$，当 x 由 0 变到 2 时，函数的平均变化率 $\frac{\Delta y}{\Delta x} = $ ＿＿＿＿＿＿.

(3) 函数 $y = \ln x$ 在 $x = 2$ 的导数 $\frac{dy}{dx} \Big|_{x=2} = $ ＿＿＿＿＿＿.

(4) 函数 $y = x^2$ 在 $x = 1$ 的导数 $\frac{dy}{dx} \Big|_{x=1} = $ ＿＿＿＿＿＿.

(5) 由导数定义，函数 $y = f(x)$ 在 x_0 处的导数 $f'(x_0) = $ ＿＿＿＿＿＿（极限）.

(6) 电量 Q 与时间 t 的函数关系为 $Q(t) = \sin t$，则电流强度 $I(t) = $ ＿＿＿＿＿＿.

2. 选择题.

(1) 设函数 $y = f(x)$，当自变量 x 由 x_0 改变到 $x_0 + \Delta x$ 时，相应函数的改变量 $\Delta y = $（　　）.

　　A. $f(x_0 + \Delta x)$　　　　　　　　B. $f(x_0) + \Delta x$

  C. $f(x_0 + \Delta x) - f(x_0)$ D. $f(x_0)\Delta x$

（2）设 $f(x)$ 在 x_0 处可导，则 $\lim\limits_{\Delta x \to 0} \dfrac{f(x_0 - \Delta x) - f(x_0)}{\Delta x} = ($ $).$

  A. $-f'(x_0)$ B. $f'(-x_0)$

  C. $f'(x_0)$ D. $2f'(x_0)$

（3）曲线 $y = x^3$ 在点 $(2, 8)$ 处的切线斜率等于(   ).

  A. 8   B. 12

  C. -6 D. 6

3. 求下列函数的导数.

 （1）$y = x^6$；   （2）$y = \sqrt[3]{x^2}$；

 （3）$y = \dfrac{1}{\sqrt[3]{x}}$；   （4）$y = x^2 \cdot \sqrt[6]{x}$；

 （5）$y = \log_2 x$；   （6）$y = 3^x$.

4. 求下列曲线在指定点处的切线方程和法线方程.

 （1）$y = \dfrac{1}{x}$ 在点 $(1, 1)$；

 （2）$y = x^3$ 在点 $(2, 8)$.

2.2 导数的运算法则

2.2.1 导数的四则运算法则

  定理 2.1 设 $u = u(x)$，$v = v(x)$ 在点 x 处都可导，则函数 $u \pm v$，uv，$\dfrac{u}{v}(v \neq 0)$ 在点 x 处也可导，并且有

 （1）$(Cu)' = Cu'$（C 为常数）；

 （2）$(u \pm v)' = u' \pm v'$；

 （3）$(uv)' = u'v + uv'$；

 （4）$\left(\dfrac{u}{v}\right)' = \dfrac{u'v - uv'}{v^2}(v \neq 0)$.

  例 2.8 计算下列函数的导数.

 （1）$y = 3x$； （2）$y = -5x^4$； （3）$y = \dfrac{1}{2x}$； （4）$y = 2\cos x$.

  解 （1）$y' = 3(x)' = 3$.

    （2）$y' = -5(x^4)' = -20x^3$.

    （3）$y' = \dfrac{1}{2}\left(\dfrac{1}{x}\right)' = -\dfrac{1}{2x^2}$.

（4）$y' = 2(\cos x)' = -2\sin x$.

例 2.9　计算下列函数的导数.

（1）$f(x) = 3x^5 - 2x^2 + 3x - 10$;　　　（2）$f(x) = 5x^{-1} - 4\sqrt{x} + \dfrac{1}{x^2} + \ln x$.

解　（1）$f'(x) = 3(x^5)' - 2(x^2)' + 3(x)' - (10)'$

$$= 3 \times 5x^4 - 2 \times 2x + 3 - 0$$

$$= 15x^4 - 4x + 3.$$

（2）$f'(x) = 5(x^{-1})' - 4(\sqrt{x})' + \left(\dfrac{1}{x^2}\right)' + (\ln x)'$

$$= 5\left(-\dfrac{1}{x^2}\right) - 4\left(\dfrac{1}{2}x^{-\frac{1}{2}}\right) + (-2x^{-2-1}) + \dfrac{1}{x}$$

$$= -\dfrac{5}{x^2} - \dfrac{2}{\sqrt{x}} - \dfrac{2}{x^3} + \dfrac{1}{x}.$$

例 2.10　设 $f(x) = 2x^2 - 3x + \sin\dfrac{\pi}{7} + \ln 2$，求 $f'(x)$，$f'(1)$.

解　$f'(x) = \left(2x^2 - 3x + \sin\dfrac{\pi}{7} + \ln 2\right)'$

$$= 2(x^2)' - 3(x)' + \left(\sin\dfrac{\pi}{7}\right)' + (\ln 2)'$$

$$= 4x - 3,$$

$f'(1) = 4 \times 1 - 3 = 1$.

例 2.11　设 $y = (\sin x - 2\cos x)\ln x$，求 y'.

解　$y' = (\sin x - 2\cos x)'\ln x + (\sin x - 2\cos x)(\ln x)'$

$$= (\cos x + 2\sin x)\ln x + (\sin x - 2\cos x) \cdot \dfrac{1}{x}.$$

例 2.12　设 $f(x) = \dfrac{2x + 1}{x^2 + 1}$，求 $f'(x)$.

解　$f'(x) = \dfrac{(2x + 1)'(1 + x^2) - (2x + 1)(1 + x^2)'}{(1 + x^2)^2}$

$$= \dfrac{-2x^2 - 2x + 2}{(1 + x^2)^2}.$$

2.2.2　复合函数的求导法则

定理 2.2　设函数 $u = \varphi(x)$ 在点 x 处可导，函数 $y = f(u)$ 在对应点 u 处可导，则复合函数 $y = f(\varphi(x))$ 在点 x 处也可导，且有

$$\dfrac{\mathrm{d}y}{\mathrm{d}x} = \dfrac{\mathrm{d}y}{\mathrm{d}u} \cdot \dfrac{\mathrm{d}u}{\mathrm{d}x} \quad \text{或} [f(\varphi(x))]' = f'(u) \cdot \varphi'(x).$$

证明从略.

例 2.13 设 $y = (2x + 1)^5$，求 y'.

解 函数 $y = (2x + 1)^5$ 不是基本初等函数，不能直接用基本初等函数的导数公式求导，而 $y = (2x + 1)^5$ 是 $y = u^5$，$u = 2x + 1$ 的复合函数，则 $\dfrac{\mathrm{d}y}{\mathrm{d}u} = 5u^4$，$\dfrac{\mathrm{d}u}{\mathrm{d}x} = 2$.

所以 $\dfrac{\mathrm{d}y}{\mathrm{d}x} = \dfrac{\mathrm{d}y}{\mathrm{d}u} \cdot \dfrac{\mathrm{d}u}{\mathrm{d}x} = 5u^4 \times 2 = 10 (2x + 1)^4$.

复合函数的求导法则也称为链式法则，它也可用于多次复合的函数，在对复合函数的复合过程熟练后，可不写出中间变量而直接进行复合函数的导数计算.

例 2.14 $y = (2x - \mathrm{e}^x)^2$，求 y'.

解 $y' = \left[(2x - \mathrm{e}^x)^2 \right]' = 2 (2x - \mathrm{e}^x)(2x - \mathrm{e}^x)' = 2 (2x - \mathrm{e}^x)(2 - \mathrm{e}^x)$.

例 2.15 设 $y = \ln\sin x$，求 y'.

解 $y' = (\ln\sin x)' = \dfrac{1}{\sin x}(\sin x)' = \dfrac{\cos x}{\sin x} = \cot x$.

2.2.3 高阶导数

函数 $y = f(x)$ 的导数 $f'(x)$ 仍是关于 x 的函数，若它也可导，则称 $f'(x)$ 的导数为 $y = f(x)$ 的二阶导数，相应地，$f'(x)$ 称为 $y = f(x)$ 的一阶导数，二阶导数记作

$$y'', \quad f''(x), \quad \dfrac{\mathrm{d}^2 y}{\mathrm{d}x^2}, \quad \dfrac{\mathrm{d}^2 f}{\mathrm{d}x^2}.$$

类似地，若函数 $f''(x)$ 可导，则称二阶导数的导数为 $y = f(x)$ 的三阶导数，记作

$$y''', \quad f'''(x), \quad \dfrac{\mathrm{d}^3 y}{\mathrm{d}x^3}, \quad \dfrac{\mathrm{d}^3 f}{\mathrm{d}x^3}.$$

一般地，若 $y = f(x)$ 的 $(n-1)$ 阶导数仍可导，则称 $(n-1)$ 阶导数的导数为 $f(x)$ 的 n 阶导数，记作

$$y^{(n)}, \quad f^{(n)}(x), \quad \dfrac{\mathrm{d}^n y}{\mathrm{d}x^n}, \quad \dfrac{\mathrm{d}^n f}{\mathrm{d}x^n}.$$

二阶及二阶以上的导数统称为高阶导数. 求高阶导数就是应用前面的求导公式、法则接连多次求导.

二阶导数的力学意义：质点做变速直线运动的位置函数 $s = s(t)$ 对时间 t 的二阶导数为加速度，即 $a(t) = v'(t) = \left[s'(t) \right]' = s''(t)$.

例 2.16 设一质点做简谐运动，其运动规律为 $s = A\sin\omega t (A，\omega$ 是常数)，求该质点在时刻 t 的速度和加速度.

解 因为 $v(t) = \dfrac{\mathrm{d}s}{\mathrm{d}t} = (A\sin\omega t)' = A\omega\cos\omega t$,

所以 $a(t) = \dfrac{\mathrm{d}^2 s}{\mathrm{d}t^2} = -A\omega^2 \sin\omega t$.

例 2.17 设函数 $f(x) = 2x^3 + 5x^2 - 3x$，求 $f''(x)$.

解 $f'(x) = 6x^2 + 10x - 3$，$f''(x) = 12x + 10$.

例 2.18 设 $y = \mathrm{e}^x$，求 $y^{(n)}$.

解　由 $(e^x)' = e^x$ 知 $y^{(n)} = e^x$.

习题 2.2

1. 填空题.

（1）已知 $f(x) = x\sin x$，则 $f'\left(\dfrac{\pi}{2}\right) = $ ＿＿＿＿＿＿＿＿＿＿＿＿.

（2）已知 $f(x) = \sin 2x$，则 $f'\left(\dfrac{\pi}{4}\right) = $ ＿＿＿＿＿＿＿＿＿＿＿＿.

（3）已知 $f(x) = \ln 2x$，则 $f'(x) = $ ＿＿＿＿＿＿＿＿＿＿＿＿.

2. 选择题.

（1）函数 $y = \dfrac{1}{(3x-1)^2}$ 的导数是（　　　）.

    A. $\dfrac{6}{(3x-1)^3}$ B. $\dfrac{6}{(3x-1)^2}$ C. $-\dfrac{6}{(3x-1)^3}$ D. $-\dfrac{6}{(3x-1)^2}$

（2）函数 $y = \sin\left(3x + \dfrac{\pi}{4}\right)$ 的导数为（　　　）.

    A. $3\sin\left(3x + \dfrac{\pi}{4}\right)$ B. $3\cos\left(3x + \dfrac{\pi}{4}\right)$

    C. $3\sin^2\left(3x + \dfrac{\pi}{4}\right)$ D. $3\cos^2\left(3x + \dfrac{\pi}{4}\right)$

（3）曲线 $y = x^n$ 在 $x = 2$ 处的导数是 12，则 $n = $（　　　）.

    A. 1   B. 2   C. 3   D. 4

（4）函数 $y = \cos 2x + \sin\sqrt{x}$ 的导数为（　　　）.

    A. $-2\sin 2x + \dfrac{\cos\sqrt{x}}{2\sqrt{x}}$ B. $2\sin 2x + \dfrac{\cos\sqrt{x}}{2\sqrt{x}}$

    C. $-2\sin 2x + \dfrac{\sin\sqrt{x}}{2\sqrt{x}}$ D. $2\sin 2x - \dfrac{\cos\sqrt{x}}{2\sqrt{x}}$

3. 求下列函数的导数.

（1）$y = x^3 - 3x^2 + 4x - 5$；   （2）$y = \dfrac{4}{x^5} + \dfrac{7}{x^4} - \dfrac{2}{x} + 12$；

（3）$y = 5x^3 - 2^x + 3e^x$；   （4）$y = 2\sin x + \cos x + \ln 2$；

（5）$y = \ln x - 2\lg x + 3\log_2 x$；   （6）$y = 3e^x + 2\sin x - 5\cos x$；

（7）$y = 4x - \dfrac{2}{x^2} + \sin 1$；   （8）$y = 2\sqrt{x} + 3\ln x - 6e^x + 7$；

（9）$y = (2 + 3x)(4 - 7x)$；   （10）$y = e^x \ln x$；

（11）$y = e^x \sin x$；   （12）$y = x\ln x$；

（13）$y = \dfrac{\ln x}{x}$；   （14）$\rho = \theta e^\theta$；

（15）$s = \dfrac{1 - \cos t}{1 + \sin t}$；   （16）$y = \dfrac{x^2}{e^x}$.

4. 求下列复合函数的导数.

(1) $y = \cos\left(2x + \dfrac{\pi}{5}\right)$;　　　　　(2) $y = \cos(4 - 3x)$;

(3) $y = \ln(1 + x^2)$;　　　　　　(4) $y = \sin^2 x$;

(5) $y = (1 + \sin x)^3$;　　　　　　(6) $y = (x^2 + 1)^3$;

(7) $y = \ln\cos 3x$;　　　　　　　(8) $y = e^{\sin x^2}$;

(9) $y = x e^{x^2}$;　　　　　　　　(10) $y = \cos^2 3x$;

(11) $y = \ln\cos x$;　　　　　　　(12) $y = \ln(\ln x)$.

5. 求下列函数的二阶导数.

(1) $y = \dfrac{1}{x} + 2^x$;　　　　　　(2) $y = x\cos x$;

(3) $y = \ln(1 + x^2)$, 求 $y''(0)$;　　　(4) $y = \sin x$, 求 $y''\Big|_{\frac{\pi}{4}}$.

2.3　函数的微分

2.3.1　微分的定义

在实际问题中，当自变量有一个微小增量时，对于函数增量 Δy，往往只需求得具有一定精确度的近似值，因此我们引进微分的概念. 先看一个例子.

例 2.19　一正方形薄片，由于温度的变化，其边长由 x_0 变到 $x_0 + \Delta x(|\Delta x|$很小)，如图 2 - 3 所示，求其面积 A 的增量的近似值.

解　边长为 x 的正方形薄片的面积 $A = x^2$，当边长从 x_0 变到 $x_0 + \Delta x$ 时，面积 A 有相应的增量 $\Delta A = (x_0 + \Delta x)^2 - x_0^2 = 2x_0\Delta x + (\Delta x)^2$.

ΔA 由两部分组成：第一部分 $2x_0\Delta x$ 是关于 Δx 的线性函数，第二部分 $(\Delta x)^2$ 是比 Δx 高阶的无穷小(当 $\Delta x \to 0$ 时).

因此，当 $|\Delta x|$ 很小时，可以略去 $(\Delta x)^2$，仅用第一部分关于 Δx 的线性函数 $2x_0\Delta x$ 作为 ΔA 的近似值，即 $\Delta A \approx 2x_0\Delta x + (\Delta x)^2$.

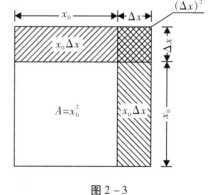

图 2 - 3

定义 2.3　若函数 $y = f(x)$ 在 x_0 处的增量 Δy 可以表示为关于 Δx 的线性函数 $A \cdot \Delta x$(A 是不依赖于 Δx 的常数)与一个比 Δx 高阶的无穷小 $o(\Delta x)$ 之和，即 $\Delta y = A\Delta x + o(\Delta x)$，则称函数 $f(x)$ 在点 x_0 可微，其中，$A \cdot \Delta x$ 称为函数 $f(x)$ 在 x_0 处的微分，记作 $dy\big|_{x = x_0}$，即 $dy\big|_{x = x_0} = A \cdot \Delta x$.

函数的微分 $A \cdot \Delta x$ 是 Δx 的线性函数, 且与函数的增量 Δy 相差一个比 Δx 高阶的无穷小, 当 $A \neq 0$ 时, 它是 Δy 的主要部分, 所以也称为微分 $\mathrm{d}y$ 是增量 Δy 的线性主部; 当 $|\Delta x|$ 很小时, 就可以用微分 $\mathrm{d}y$ 作为增量 Δy 的近似值.

2.3.2　微分与导数的关系

若函数 $f(x)$ 在 x_0 可微, 则按定义有 $\Delta y = A\Delta x + o(\Delta x)$. 上式两端同时除以 Δx, 在 $\Delta x \to 0$ 时取极限, 得 $\lim\limits_{\Delta x \to 0} \dfrac{\Delta y}{\Delta x} = \lim\limits_{\Delta x \to 0} \left[A + \dfrac{o(\Delta x)}{\Delta x} \right] = A$, 即 $A = f'(x_0)$.

这说明, 若函数 $f(x)$ 在点 x_0 可微, 则 $f(x)$ 在点 x_0 也一定可导, 且 $f'(x_0) = A$; 反之, 若 $f(x)$ 在点 x_0 可导, 则 $\lim\limits_{\Delta x \to 0} \dfrac{\Delta y}{\Delta x} = f'(x_0)$ 存在. 根据极限与无穷小的关系, 上式可写成 $\dfrac{\Delta y}{\Delta x} = f'(x_0) + \alpha$, 其中, α 在 $\Delta x \to 0$ 时为无穷小, 从而 $\Delta y = f'(x_0) \cdot \Delta x + \alpha \cdot \Delta x$. 这里的 $f'(x_0)$ 是不依赖于 Δx 的常数, $\alpha \cdot \Delta x$ 是当 $\Delta x \to 0$ 时比 Δx 高阶的无穷小, 所以按微分的定义, $f(x)$ 在 x_0 是可微的.

由此可见, 函数 $f(x)$ 在点 x_0 处可导与可微是等价的, 且函数 $f(x)$ 在 x_0 的微分可写为 $\mathrm{d}y \big|_{x=x_0} = f'(x_0) \cdot \Delta x$.

因为自变量 x 的微分 $\mathrm{d}x = (x)' \Delta x = \Delta x$, 所以 $f(x)$ 在 x_0 的微分又记为 $\mathrm{d}y \big|_{x=x_0} = f'(x_0) \cdot \mathrm{d}x$, 若函数 $f(x)$ 在某区间内每一点都可微, 则称 $f(x)$ 是该区间内的可微函数, 函数在区间内任一点 x 处的微分记为 $\mathrm{d}y = f'(x) \cdot \mathrm{d}x$. 由此式可得 $f'(x) = \dfrac{\mathrm{d}y}{\mathrm{d}x}$, 因此导数 $\dfrac{\mathrm{d}y}{\mathrm{d}x}$ 可以看作函数的微分 $\mathrm{d}y$ 与自变量的微分 $\mathrm{d}x$ 的商, 故导数也称为微商.

例 2.20　求函数 $y = x^2 + 1$ 在 $x = 1$ 处的微分.

解　函数 $y = x^2 + 1$ 在 $x = 1$ 处的微分为
$$\mathrm{d}y \big|_{x=1} = (x^2 + 1)' \big|_{x=1} \mathrm{d}x = 2\mathrm{d}x.$$

例 2.21　当 $x = 2$, $\Delta x = 0.02$ 时, 求函数 $y = x^3$ 的微分.

解　先求函数在任意点 x 处的微分, 为
$$\mathrm{d}y = (x^3)' \mathrm{d}x = 3x^2 \mathrm{d}x,$$
再求 $x = 2$, $\Delta x = 0.02$ 时函数的微分.

因为 $\mathrm{d}x = \Delta x$, 所以 $\mathrm{d}y \Big|_{\substack{x=2 \\ \Delta x = 0.02}} = 3x^2 \Delta x \Big|_{\substack{x=2 \\ \Delta x = 0.02}} = 3 \times 2^2 \times 0.02 = 0.24.$

为了直观地理解函数微分的概念, 下面说明微分的几何意义.

函数 $y = f(x)$ 的图像是一曲线 (图 2 – 4), 当自变量 x 由 x_0 变到 $x_0 + \Delta x$ 时, 曲线上对应的点由 $M(x_0, y_0)$ 变到 $P(x_0 + \Delta x, y_0 + \Delta y)$. 从图 2 – 4 可知 $MN = \Delta x$, $NP = \Delta y$, 过点 M 作

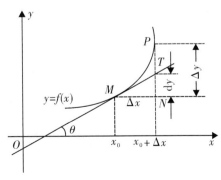

图 2 – 4

切线 MT，它的倾角为 θ，则 $NT = MN \cdot \tan\theta = f'(x_0) \cdot \Delta x$，即 $\mathrm{d}y = NT$ 于是函数 $y = f(x)$ 在点 x_0 处的微分，就是曲线 $y = f(x)$ 在点 $M(x_0, y_0)$ 处的切线 MT，当横坐标由 x_0 变到 $x_0 + \Delta x$ 时，其对应的纵坐标的增量. 因此，用函数的微分 $\mathrm{d}y$ 近似代替函数的增量 Δy，就是用 M 点处切线上纵坐标的增量 NT 近似代替曲线纵坐标的增量 NP，并且 $\Delta y - \mathrm{d}y = TP$，$TP$ 是比 Δx 高阶的无穷小（当 $\Delta x \to 0$ 时）.

2.3.3 微分的运算法则与微分形式不变性

根据微分定义，函数 $y = f(x)$ 的微分可以通过导数来计算，由导数公式和导数运算法则，可得到相应的微分基本公式和运算法则.

2.3.3.1 基本初等函数的微分公式

（1）$\mathrm{d}C = 0$（C 为常数）；　　　　（2）$\mathrm{d}(x^\mu) = \mu x^{\mu-1}\mathrm{d}x$；

（3）$\mathrm{d}(\log_a x) = \dfrac{1}{x\ln a}\mathrm{d}x$；　　　（4）$\mathrm{d}(\ln x) = \dfrac{1}{x}\mathrm{d}x$；

（5）$\mathrm{d}(a^x) = a^x\ln a\,\mathrm{d}x$；　　　　（6）$\mathrm{d}(e^x) = e^x\mathrm{d}x$；

（7）$\mathrm{d}(\sin x) = \cos x\,\mathrm{d}x$；　　　　（8）$\mathrm{d}(\cos x) = -\sin x\,\mathrm{d}x$；

（9）$\mathrm{d}(\tan x) = \sec^2 x\,\mathrm{d}x$；　　　（10）$\mathrm{d}(\cot x) = -\csc^2 x\,\mathrm{d}x$；

（11）$\mathrm{d}(\sec x) = \sec x \cdot \tan x\,\mathrm{d}x$；　（12）$\mathrm{d}(\csc x) = -\csc x \cdot \cot x\,\mathrm{d}x$；

（13）$\mathrm{d}(\arcsin x) = \dfrac{1}{\sqrt{1-x^2}}\mathrm{d}x$；　（14）$\mathrm{d}(\arccos x) = -\dfrac{1}{\sqrt{1-x^2}}\mathrm{d}x$；

（15）$\mathrm{d}(\arctan x) = \dfrac{1}{1+x^2}\mathrm{d}x$；　（16）$\mathrm{d}(\text{arccot}\,x) = -\dfrac{1}{1+x^2}\mathrm{d}x$.

2.3.3.2 函数的和、差、积、商的微分法则

（1）$\mathrm{d}(c \cdot u) = c \cdot \mathrm{d}u$（$c$ 为常数）；

（2）$\mathrm{d}(u \pm v) = \mathrm{d}u \pm \mathrm{d}v$；

（3）$\mathrm{d}(u \cdot v) = v\mathrm{d}u + u\mathrm{d}v$；

（4）$\mathrm{d}\left(\dfrac{u}{v}\right) = \dfrac{v\mathrm{d}u - u\mathrm{d}v}{v^2}$（$v \neq 0$）.

2.3.3.3 复合函数的微分法则

设函数 $y = f(u)$，$u = \varphi(x)$，由复合函数的求导法则可得复合函数 $y = f(\varphi(x))$ 的微分为 $\mathrm{d}y = f'(u)\varphi'(x)\mathrm{d}x$. 因为 $\mathrm{d}u = \varphi'(x)\mathrm{d}x$，所以此式也可以写成 $\mathrm{d}y = f'(u)\mathrm{d}u$. 这表明：不论 u 是自变量还是中间变量，函数 $y = f(u)$ 的微分形式总是 $\mathrm{d}y = f'(u)\mathrm{d}u$，这个性质称为一阶微分形式的不变性.

例 2.22 设 $y = \cos\sqrt{x}$，求 $\mathrm{d}y$.

解 把 $\sqrt{x}$ 看作中间变量 u 的，则

$$\mathrm{d}y = \mathrm{d}(\cos u) = -\sin u\,\mathrm{d}u = -\sin\sqrt{x}\,\mathrm{d}\sqrt{x} = -\sin\sqrt{x} \cdot \frac{1}{2\sqrt{x}}\mathrm{d}x = \frac{-\sin\sqrt{x}}{2\sqrt{x}}\mathrm{d}x.$$

在求复合函数的导数时，可以不写出中间变量，在求复合函数的微分时类似地也可

第 2 章 导数

以不写出中间变量，下面用一阶微分形式的不变性来求函数的微分.

例 2.23 设 $y = \ln(1 + e^x)$，求 dy.

解 $dy = d[\ln(1 + e^x)] = \dfrac{1}{1 + e^x}d(1 + e^x) = \dfrac{e^x}{1 + e^x}dx$.

例 2.24 设 $y = e^{-ax}\sin bx$，求 dy.

解 应用积的微分法则，得

$$dy = \sin bx d(e^{-ax}) + e^{-ax}d(\sin bx)$$
$$= \sin bx \cdot e^{-ax}d(-ax) + e^{-ax}\cos bx d(bx)$$
$$= (-a\sin bx + b\cos bx)e^{-ax}dx.$$

例 2.25 在括号内填入适当的函数，使下列等式成立.

（1） $\dfrac{1}{1 + x^2}dx = d(\quad)$；

（2） $a^x dx = d(\quad)$；

（3） $d(e^{4x}) = (\quad)d(4x) = (\quad)dx$.

解 （1） 因为 $(\arctan x + C)' = \dfrac{1}{1 + x^2}$，

所以 $\dfrac{1}{1 + x^2}dx = d(\arctan x + C)'$（$C$ 为任意常数）.

（2） 因为 $(a^x) = a^x \ln a$，

所以 $a^x dx = d\left(\dfrac{a^x}{\ln a} + C\right)$（$C$ 为任意常数）.

（3） 设 $4x$ 为复合函数的中间变量，则

$$d(e^{4x}) = (e^{4x})d(4x) = (4e^{4x})dx.$$

2.3.4 微分在近似计算中的应用

我们知道，当函数 $f(x)$ 在点 x_0 处的导数 $f'(x_0)$ 且 $|\Delta x|$ 很小时，有 $\Delta y \approx dy = f'(x_0)\Delta x$.

上式也可表示为 $\Delta y = f(x_0 + \Delta x) - f(x_0) \approx f'(x_0)\Delta x$，或

$$f(x_0 + \Delta x) \approx f(x_0) + f'(x_0)\Delta x. \tag{2-3}$$

在式（2-3）中，令 $x_0 + \Delta x = x$，则

$$f(x) \approx f(x_0) + f'(x_0)(x - x_0). \tag{2-4}$$

在式（2-4）中，令 $x_0 = 0$，得

$$f(x) \approx f(0) + f'(0) \cdot x. \tag{2-5}$$

应用式（2-5）可以建立以下几个工程上常用的近似公式.

如果 $|x|$ 很小，那么

（1） $\sqrt[n]{1 + x} \approx 1 + \dfrac{x}{n}$（$n$ 为正整数）；

（2） $\sin x \approx x$（x 为弧度）；

（3） $\tan x \approx x$（x 为弧度）；

（4） $e^x \approx 1 + x$；

（5） $\ln(1 + x) \approx x$.

习题 2.3

1. 求下列函数的微分.

（1） $y = \sin x + \ln x + 1$； （2） $y = x\cos 2x$；

（3） $y = \dfrac{x}{\sqrt{x^2 + 1}}$； （4） $y = \ln^2 x$；

（5） $y = 5^{\arctan x}$； （6） $y = e^x \sin^2 x$.

2. 在括号内填入适当的函数，使等式成立.

（1） $d(\qquad) = \dfrac{1}{x^2}dx$； （2） $d(\qquad) = \dfrac{1}{\sqrt{x}}dx$；

（3） $d(\qquad) = \dfrac{1}{\cos^2 x}dx$； （4） $d(\qquad) = \dfrac{1}{x}dx$.

3. 利用微分求近似值.

（1） $\ln 1.03$； （2） $\sqrt[3]{1.02}$.

4. 设有一薄壁圆管，内径为 120 mm，厚为 3 mm，请用微分求其截面的近似值.

2.4 洛必达法则

当 $x \to x_0$（或 $x \to \infty$）时，函数 $f(x)$ 与 $g(x)$ 都趋于零或都趋于无穷大，通常把极限 $\lim\limits_{\substack{x \to x_0 \\ (x \to \infty)}} \dfrac{f(x)}{g(x)}$ 叫作未定式，并分别简记为 $\dfrac{0}{0}$ 或 $\dfrac{\infty}{\infty}$. 它们的极限 $\lim\limits_{\substack{x \to x_0 \\ (x \to \infty)}} \dfrac{f(x)}{g(x)}$ 可能存在，也可能不存在. 本节将介绍求未定式 $\dfrac{0}{0}$ 或 $\dfrac{\infty}{\infty}$ 极限的一种有效方法——洛必达法则.

定理 2.3[洛必达法则(一)] 设函数 $f(x)$ 及 $g(x)$ 满足如下条件：

（1） 当 $x \to x_0$ 时，函数 $f(x)$ 及 $g(x)$ 都趋于零；

（2） 在点 x_0 的某去心邻域内可导，且 $g'(x) \neq 0$；

（3） $\lim\limits_{x \to x_0} \dfrac{f'(x)}{g'(x)}$ 存在（或为无穷大）.

那么， $\lim\limits_{x \to x_0} \dfrac{f(x)}{g(x)} = \lim\limits_{x \to x_0} \dfrac{f'(x)}{g'(x)}$.

这种在一定条件下通过对分子、分母分别求导数再求极限来确定未定式的极限值的方法称为**洛必达法则**.

定理 2.3 对于 $x \to \infty$ 时的 $\dfrac{0}{0}$ 未定式同样适用；

对于 $x \to x_0$ 或 $x \to \infty$ 的未定式 $\dfrac{\infty}{\infty}$ 也有相应的洛必达法则.

定理 2.4 [洛必达法则(二)]　设函数 $f(x)$ 及 $g(x)$ 在点 x_0 的某去心邻域内满足如下条件:

（1）当 $x \to x_0$ 时,函数 $f(x)$ 及 $g(x)$ 都趋于 ∞ ;

（2）在点 x_0 的某去心邻域内 $f'(x)$ 及 $g'(x)$ 都存在,且 $g'(x) \neq 0$;

（3）$\lim\limits_{x \to x_0} \dfrac{f'(x)}{g'(x)}$ 存在(或为无穷大).

那么,$\lim\limits_{x \to x_0} \dfrac{f(x)}{g(x)} = \lim\limits_{x \to x_0} \dfrac{f'(x)}{g'(x)}$.

下面通过例题说明洛必达法则的应用.

例 2.26　求 $\lim\limits_{x \to 0} \dfrac{\sin x}{x}$.

解　本例属 $\dfrac{0}{0}$ 型,用洛必达法则,得

$$\lim_{x \to 0} \frac{\sin x}{x} = \lim_{x \to 0} \frac{(\sin x)'}{(x)'} = \lim_{x \to 0} \frac{\cos x}{1} = 1.$$

例 2.27　求 $\lim\limits_{x \to 0} \dfrac{\sin ax}{\sin bx} (b \neq 0)$.

解　本例属 $\dfrac{0}{0}$ 型,用洛必达法则,得

$$\lim_{x \to 0} \frac{\sin ax}{\sin bx} = \lim_{x \to 0} \frac{(\sin ax)'}{(\sin bx)'} = \lim_{x \to 0} \frac{a \cos ax}{b \cos bx} = \frac{a}{b}.$$

由例 2.27 可见,使用洛必达法则求一些 $\dfrac{0}{0}$ 或 $\dfrac{\infty}{\infty}$ 的极限比较简便,但应注意以下三点:

（1）每次使用法则时,必须先检验其是否属于 $\dfrac{0}{0}$ 或 $\dfrac{\infty}{\infty}$ 型未定式;

（2）使用一次洛必达法则后,仍是 $\dfrac{0}{0}$ 或 $\dfrac{\infty}{\infty}$ 型未定式时,可连续使用洛必达法则,但连续使用前应注意简化极限的式子;

（3）洛必达法则是求未定式的一种有效方法,但应注意与其他求极限的方法结合使用. 能化简时应尽可能先化简,这样可以使运算简捷.

洛必达法则的条件是充分而不是必要的条件,如 $\lim\limits_{\substack{x \to x_0 \\ (x \to \infty)}} \dfrac{f'(x)}{g'(x)}$ 不存在时,不能断定 $\lim\limits_{\substack{x \to x_0 \\ (x \to \infty)}} \dfrac{f(x)}{g(x)}$ 不存在,这时应使用其他方法求解.

例 2.28　求 $\lim\limits_{x \to 1} \dfrac{x^3 - 3x + 2}{x^3 - x^2 - x + 1}$.

解　本例属 $\dfrac{0}{0}$ 型,用洛必达法则,得

$$\lim_{x\to 1}\frac{x^3-3x+2}{x^3-x^2-x+1}=\lim_{x\to 1}\frac{(x^3-3x+2)'}{(x^3-x^2-x+1)'}$$

$$=\lim_{x\to 1}\frac{3x^2-3}{3x^2-2x-1}=\lim_{x\to 1}\frac{6x}{6x-2}=\frac{3}{2}.$$

例 2.29　求 $\lim\limits_{x\to 0}\dfrac{x-\sin x}{x^3}$.

解　本例属 $\dfrac{0}{0}$ 型，用洛必达法则，得

$$\lim_{x\to 0}\frac{x-\sin x}{x^3}=\lim_{x\to 0}\frac{1-\cos x}{3x^2}=\lim_{x\to 0}\frac{\sin x}{6x}=\lim_{x\to 0}\frac{\cos x}{6}=\frac{1}{6}.$$

例 2.30　求 $\lim\limits_{x\to +\infty}\dfrac{\ln x}{x^n}(n>0)$.

解　本例属 $\dfrac{\infty}{\infty}$ 型，用洛必达法则，得

$$\lim_{x\to +\infty}\frac{\ln x}{x^n}=\lim_{x\to +\infty}\frac{\dfrac{1}{x}}{nx^{n-1}}=\lim_{x\to +\infty}\frac{1}{nx^n}=0.$$

例 2.31　求 $\lim\limits_{x\to +\infty}\dfrac{x^n}{e^{\lambda x}}(n$ 为正整数，$\lambda>0)$.

解　本例属 $\dfrac{\infty}{\infty}$ 型，用洛必达法则，得

$$\lim_{x\to +\infty}\frac{x^n}{e^{\lambda x}}=\lim_{x\to +\infty}\frac{nx^{n-1}}{\lambda e^{\lambda x}}=\lim_{x\to +\infty}\frac{n(n-1)x^{n-2}}{\lambda^2 e^{\lambda x}}=\cdots$$

$$=\lim_{x\to +\infty}\frac{n!}{\lambda^n e^{\lambda x}}=0.$$

例 2.32　求 $\lim\limits_{x\to +\infty}\dfrac{x+\sin x}{x}$.

解　因为极限 $\lim\limits_{x\to +\infty}\dfrac{(x+\sin x)'}{(x)'}=\lim\limits_{x\to +\infty}\dfrac{1+\cos x}{1}$ 不存在，所以不能用洛必达法则.

$$\lim_{x\to +\infty}\frac{x+\sin x}{x}=\lim_{x\to +\infty}\left(1+\frac{\sin x}{x}\right)=1.$$

习题 2.4

1. 求下列极限.

(1) $\lim\limits_{x\to 1}\dfrac{x^{10}-1}{x^3-1}$;

(2) $\lim\limits_{x\to 0}\dfrac{a^x-b^x}{x}(a>0,\ b>0)$;

(3) $\lim\limits_{x\to a}\dfrac{\sin x-\sin a}{x^2-a^2}(a\neq 0)$;

(4) $\lim\limits_{x\to 0}\dfrac{\ln\cos x}{x^2}$;

(5) $\lim\limits_{x\to 0}\dfrac{e^x-e^{-x}}{\sin x}$;

(6) $\lim\limits_{x\to +\infty}\dfrac{\ln x}{\sqrt{x}}$;

（7）$\lim\limits_{x\to 0}\dfrac{\sin x - x\cos x}{x^3}$；　　　　　（8）$\lim\limits_{x\to 1}\left(\dfrac{x}{x-1}-\dfrac{1}{\ln x}\right)$.

2. 证明 $\lim\limits_{x\to +\infty}\dfrac{e^x - e^{-x}}{e^x + e^{-x}}=1$，并说明为什么不能用洛必达法则求此极限.

2.5　利用导数研究函数

利用导数研究函数及曲线的某些性质，并利用这些性质解决一些实际问题.

2.5.1　函数的单调性

函数的单调性是函数的主要性质之一. 在初等数学中，已经给出了单调性的定义，现在介绍利用导数判定函数的单调性的重要方法.

在图 2 – 5 中，作曲线在各点处的切线，观察可见：

（1）如果函数 $y = f(x)$ 在区间 (a,b) 上单调递增，那么它的图像是一条沿 x 轴正向上升的曲线，这时曲线上各点处的切线对于 x 轴的倾斜角 α 均是锐角，故 $f'(x) = \tan\alpha > 0$［图 2 – 5（a）］.

（2）如果函数 $y = g(x)$ 在区间 (a,b) 上单调递减，那么它的图像是一条沿 x 轴正向下降的曲线. 其上各点处的切线对于 x 轴的倾斜角 α 均是钝角，故 $g'(x) < 0$［图 2 – 5（b）］.

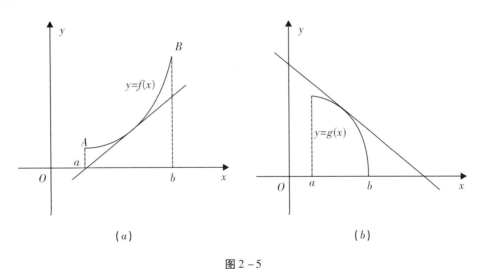

（a）　　　　　　　　　　　　　　（b）

图 2 – 5

由此可见，可导函数的单调性与导数的符号有着密切的关系.

反过来，能否用导数的符号来判定函数的单调性呢？一般地，有下面判定定理：

定理 2.5（函数单调性的判定法）　设函数 $y = f(x)$ 在 $[a,b]$ 上连续，在 (a,b) 内可导.

（1）如果在$(a，b)$内$f'(x)>0$，那么函数$y=f(x)$在$[a，b]$上单调递增；

（2）如果在$(a，b)$内$f'(x)<0$，那么函数$y=f(x)$在$[a，b]$上单调递减.

通常把使$f'(x)=0$的点称为驻点.

一般地，如果函数在其定义区间上连续，除去有限个导数不存在的点外，导数存在且连续，那么，可用驻点及导数不存在的点来划分函数$f(x)$的定义域，保证$f'(x)$在各个部分区间内保持固定的符号，从而确定函数$f(x)$的单调区间.

为了简明直观，在定义域内求得函数的导数为零的点和导数不存在的点以后，可列表讨论.

例 2.33 讨论函数$y=x^3-3x^2+4$的单调性.

解 $y=x^3-3x^2+4$的定义域为$(-\infty，+\infty)$，$y'=3x^2-6x=3x(x-2)$，令$f'(x)=0$，得驻点$x_1=0$，$x_2=2$. 列表讨论如下：

x	$(-\infty，0)$	0	$(0，2)$	2	$(2，+\infty)$
$f'(x)$	+	0	−	0	+
$f(x)$	↗		↘		↗

所以函数$f(x)$在区间$(0，2)$内单调递减，在$(-\infty，0)$，$(2，+\infty)$上单调递增.

例 2.34 判定函数$y=x-\sin x$在$[0，2\pi]$上的单调性.

解 因为在$(0，2\pi)$内$y'=1-\cos x>0$，所以由定理 2.5 可知，函数$y=x-\sin x$在$[0，2\pi]$上单调递增.

例 2.35 讨论函数$y=e^x-x-1$的单调性.

解 函数$y=e^x-x-1$的定义域为$(-\infty，+\infty)$，$y'=e^x-1$.

因为在$(-\infty，0)$内$y'<0$，所以函数$y=e^x-x-1$在$(-\infty，0)$上单调递减；

因为在$(0，+\infty)$内$y'>0$，所以函数$y=e^x-x-1$在$(0，+\infty)$上单调递增.

例 2.36 讨论函数$y=\sqrt[3]{x^2}$的单调性.

解 函数的定义域为$(-\infty，+\infty)$.

$y'=\dfrac{2}{3\sqrt[3]{x}}(x\neq0)$，函数在$x=0$处不可导.

在区间$(-\infty，0)$内，$y'<0$，由定理 2.5 可知，$(-\infty，0)$是函数y的单调递减区间；

在区间$(0，+\infty)$内，$y'>0$，由定理 2.5 可知，$(0，+\infty)$是函数y的单调递增区间.

例 2.37 求函数$f(x)=\dfrac{(x-2)^3}{x}$的单调区间.

解 函数的定义域为$(-\infty，0)\cup(0，+\infty)$.

$f'(x)=\dfrac{2(x-2)^2(x+1)}{x^2}(x\neq0)$. 令$f'(x)=0$，得驻点$x_1=2$，$x_2=-1$. 列表讨论

如下：

x	$(-\infty,\ -1)$	-1	$(-1,\ 0)$	$(0,\ 2)$	2	$(2,\ +\infty)$
$f'(x)$	$-$	0	$+$	$+$	0	$+$
$f(x)$	↘		↗	↗		↗

所以函数 $f(x)$ 在区间 $(-\infty,\ -1)$ 内单调递减，在 $[-1,\ 0)$，$(0,\ +\infty)$ 上单调递增.

例 2.38 讨论函数 $y=x^3$ 的单调性.

解 函数的定义域为 $(-\infty,\ +\infty)$.

$y'=3x^2$，除当 $x=0$ 时，$y'=0$ 外，在其余各点处均有 $y'>0$.

因此，函数 $y=x^3$ 在区间 $(-\infty,\ 0)$ 及 $(0,\ +\infty)$ 内都是单调增加的，从而在整个定义域 $(-\infty,\ +\infty)$ 内是单调增加的. 在 $x=0$ 处曲线有一水平切线.

一般地，如果 $f'(x)$ 在某区间内的有限个点处为零，在其余各点处均为正（或负）时，那么 $f(x)$ 在该区间上仍旧是单调递增（或单调递减）的.

2.5.2 函数的极值

在生产、经营管理和科学实验中，常常要求在一定条件下兼顾优质、高产、低消耗，这反映在数学上就是优化问题，就是求函数的最大值、最小值问题. 因此，讨论函数的最值有重要的应用价值. 函数的最值与极值有密切的关系，而且极值也是函数的重要性质之一. 下面先用导数研究函数的极值，再利用极值讨论它的最值.

观察函数 $y=f(x)$ 的图形，如图 2-6 所示，点 $(x_2,\ f(x_2))$ 不是曲线的最高点，但是与 $x=x_2$ 的附近的 x 相比，这个点是最高点. 也就是说，函数值 $f(x_2)$ 在整个区间 $[a,\ b]$ 上不是最大值，但在 x_2 附近的一个局部范围内，$f(x_2)$ 是大于此范围内的所有函数值. 同样地，在 x_1 附近的一个局部范围内，$f(x_1)$ 小于此范围内的所有函数值. 为了描述这种点的性质，引入函数极值的概念.

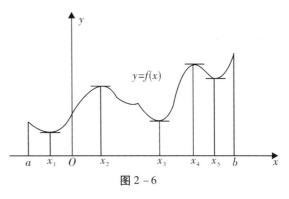

图 2-6

2.3.3.1 函数的极值及其求法

定义 2.4 设函数 $f(x)$ 在 x_0 的某邻域 $U(x_0,\ \delta)$ 内有定义，若当 $x\in U(x_0,\ \delta)$，$x\neq x_0$ 时，恒有 $f(x)<f(x_0)$，则称 $f(x_0)$ 是函数 $f(x)$ 的一个**极大值**；若当 $x\in U(x_0,\ \delta)$，$x\neq x_0$ 时，恒有 $f(x)>f(x_0)$，则称 $f(x_0)$ 是函数 $f(x)$ 的一个**极小值**.

函数的极大值与极小值统称为函数的极值，使函数取得极值的点称为极值点.

由此可见，$f(x_2)$、$f(x_4)$ 是函数 $y=f(x)$ 的极大值；$f(x_1)$、$f(x_3)$、$f(x_5)$ 是函数 $f(x)$

的极小值.

注:(1)函数的极值是局部性的.如果$f(x_0)$是函数$f(x)$的一个极大值,那只是就x_0附近的一个局部范围来说,$f(x_0)$是此范围内的一个最大值;就整个定义域来说,$f(x_0)$不一定是最大值,且极值点不能是区间的端点.函数的最值是整体概念,是整个定义域上的最大(小)值,且最值点可以是区间的端点.如在图$2-6$中,最大值是$f(b)$.

(2)函数在定义域内可能有多个极大值、极小值,且其中的极大值不一定大于每一个极小值,如在图$2-6$中,极大值$f(x_2)$比极小值$f(x_5)$还要小.

极值点必须是怎样的点?什么样的点一定是极值点?下面讨论连续函数的极值点的求法.

从图$2-6$还可以看出,在函数的极值点处,曲线的切线是水平的,即$f'(x_1)=f'(x_2)=f'(x_3)=f'(x_4)=f'(x_5)=0$.

由此得出下面的定理.

定理2.6(必要条件) 若点x_0是函数$y=f(x)$的极值点,则x_0是$f'(x)$的驻点或导数不存在的点.

注意:可导函数$f(x)$的极值点必定是函数的驻点,但函数$f(x)$的驻点却不一定是极值点.如函数$f(x)=x^3$,$f'(0)=0$,但$x=0$不是函数$f(x)$的极值点.

通常把函数在定义域中的驻点及导数不存在的点统称为极值可疑点.连续函数仅在极值可疑点上可能取得极值.

观察图$2-6$可见,极值点是函数的单调递增与单调递减区间的分界点.由单调性的判定定理立刻可得极值点的第一充分条件.

定理2.7(极值点的第一充分条件) 设函数$f(x)$在极值可疑点x_0的一个δ邻域内连续,在x_0的去心δ邻域内可导.

(1)若当$x\in(x_0-\delta,x_0)$时$f'(x)>0$,当$x\in(x_0,x_0+\delta)$时$f'(x)<0$,则$f(x_0)$是$f(x)$的极大值;

(2)若当$x\in(x_0-\delta,x_0)$时$f'(x)<0$,当$x\in(x_0,x_0+\delta)$时$f'(x)>0$,则$f(x_0)$是$f(x)$的极小值;

(3)若在x_0的两侧,函数的导数具有相同的符号,则函数$f(x)$在x_0处没有极值.

定理2.7也可简单地这样说:如果$f'(x)$的符号由正变到负,那么$f(x)$在x_0处取得极大值;如果$f'(x)$的符号由负变到正,那么$f(x)$在x_0处取得极小值;如果$f'(x)$的符号并不改变,那么$f(x)$在x_0处没有极值.

把必要条件和充分条件结合起来,就可以求连续函数的极值了.步骤如下:

(1)求函数的定义域,求$f'(x)$;

(2)令$f'(x)=0$,求出$f(x)$的全部极值可疑点;

(3)用极值可疑点将定义域分成若干个部分区间,并确定$f'(x)$在每一个部分区间上的符号;

(4)按定理2.7,确定$f(x)$在可疑点处是否有极值;如果是极值点,进一步确定是极大值还是极小值.

例 2.39　求函数 $f(x) = (x-4)\sqrt[3]{(x+1)^2}$ 的极值.

解　$f(x)$ 在 $(-\infty, +\infty)$ 内连续, 除 $x = -1$ 外处处可导, 且 $f'(x) = \dfrac{5(x-1)}{3\sqrt[3]{x+1}}$.

令 $f'(x) = 0$, 得驻点 $x = 1$; $x = -1$ 为 $f(x)$ 的不可导点.

列表判断, 见下表:

x	$(-\infty, -1)$	-1	$(-1, 1)$	1	$(1, +\infty)$
$f'(x)$	$+$	不可导	$-$	0	$+$
$f(x)$	↗	0	↘	$-3\sqrt[3]{4}$	↗

故极大值为 $f(-1) = 0$, 极小值为 $f(1) = -3\sqrt[3]{4}$.

2.5.3　最大值与最小值问题

2.5.3.1　闭区间上连续函数的最大值与最小值求法

闭区间上的连续函数一定有最大值和最小值. 它的最大值、最小值只能在极值点或端点上取得. 因此, 只要求出函数 $f(x)$ 的所有极值和端点值, 它们之中最大的就是最大值, 最小的就是最小值. 由此, 我们得出最值的求法, 具体如下:

（1）求出 $f(x)$ 在 (a, b) 内的极值可疑点 $x_1, x_2, \cdots, x_n$;

（2）求出极值可疑点及区间端点的函数值 $f(a), f(x_1), \cdots, f(x_n), f(b)$（不必判断这些点是否取得极值, 是极大值还是极小值）;

（3）比较这些函数值的大小, 其中最大的是 $f(x)$ 在 $[a, b]$ 上的最大值 M, 最小的是 $f(x)$ 在 $[a, b]$ 上的最小值 m.

例 2.40　求函数 $f(x) = (2x-5)x^{\frac{2}{3}}$ 在 $[-1, 2]$ 上的最大值与最小值.

解　函数 $f(x)$ 在 $[-1, 2]$ 上连续, 由于 $f'(x) = \dfrac{10(x-1)}{3x^{\frac{1}{3}}}$, 令 $f'(x) = 0$, 得驻点 $x = 1$, 且 $f(x)$ 在 $x = 0$ 处不可导, 计算出 $f(-1) = -7$, $f(2) = -2^{\frac{2}{3}}$, $f(0) = 0$, $f(1) = -3$.

比较可得, $f(x)$ 在 $x = 0$ 处取得最大值 0, 在 $x = -1$ 处取得最小值 -7.

2.5.3.2　实际问题的最值

例 2.41　如图 2-7 所示, 工厂铁路线上 AB 段的距离为 100 km. 工厂 C 与点 A 之间的距离为 20 km, AC 垂直于 AB, 为了运输需要, 要在 AB 线上选定一点 D 向工厂修筑一条公路. 已知铁路每千米货运的运费与公路上每千米货运的运费之比为 $3:5$. 为了使货物从供应站 B 运到工厂 C 的运费最省, 点 D 应选在何处?

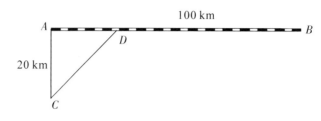

图 2 - 7

解 先根据题意建立函数关系,通常称这个函数为目标函数.

设 $AD = x$,则 $DB = 100 - x$,$CD = \sqrt{20^2 + x^2} = \sqrt{400 + x^2}$.

因为铁路每千米货运的运费与公路上每千米货运的运费之比为 $3 : 5$,所以我们可设铁路上每千米的运费为 $3k$,公路上每千米的运费为 $5k$(k 是某个正数),并设从点 B 到点 C 需要的总运费为 y,则 $y = 5k \cdot CD + 3k \cdot DB$,即得目标函数为 $y = 5k\sqrt{400 + x^2} + 3k(100 - x)$,$0 \leqslant x \leqslant 100$.

求 y 对 x 的导数,得 $y' = k\left(\dfrac{5x}{\sqrt{400 + x^2}} - 3 \right)$.

令 $y' = 0$,得驻点 $x = 15$.

因为 $y|_{x=0} = 400k$,$y|_{x=15} = 380k$,$y|_{x=100} = 500k\sqrt{1 + \dfrac{1}{5^2}}$,其中以 $y|_{x=15} = 380k$ 为最小,所以当 $AD = x = 15$ km 时,总运费最省.

在很多实际问题中,往往根据问题的性质就可以断定目标函数 $f(x)$ 在某个开区间内必有最大值或最小值,若目标函数 $f(x)$ 是可导的,且在该区间内只有一个驻点 x_0,那么不必讨论 $f(x_0)$ 是否是极值,即可断定 $f(x_0)$ 是最大值或最小值.

例 2.42 将边长为 a 的正方形铁皮于四角处剪去相同的小正方块,然后折起各边焊成一个容积最大的无盖盒(图 2 - 8),问:剪去的小正方块的边长为多少?

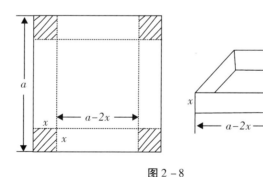

图 2 - 8

解 如图 2 - 8 所示,设剪去的小正方块的边长为 x,则盒底的边长为 $a - 2x$,高为 x,盒的容积为 $V = x(a - 2x)^2$,$0 < x < \dfrac{a}{2}$.

因为 $V' = (a - 2x)(a - 6x)$，所以在 $\left(0, \dfrac{a}{2}\right)$ 内函数 V 只有一个极值可疑点 $x = \dfrac{a}{6}$.

由题意可知，目标函数在 $\left(0, \dfrac{a}{2}\right)$ 内存在最大值，且极值可疑点唯一，因此当 $x = \dfrac{a}{6}$ 时，有最大容积，为 $V\left(\dfrac{a}{6}\right) = \dfrac{2}{27}a^3$.

习题 2.5

1. 求下列函数的单调区间.

（1）$y = x^3 - 3x^2$；　　　　　　　（2）$y = 2 - (x-1)^{\frac{2}{3}}$；

（3）$y = \dfrac{e^x}{1+x}$；　　　　　　　（4）$y = x - \ln(1+x)$；

（5）$y = x^3 + x$；　　　　　　　（6）$y = \dfrac{x^2}{1+x}$.

2. 求下列函数的极值点与极值.

（1）$y = 2x^3 + 3x^2 - 12x + 5$；

（2）$y = x - 1 + \dfrac{1}{x-1}$.

3. 设函数 $f(x) = a\ln x + bx^2 + x$ 在 $x_1 = 1$ 和 $x_2 = 2$ 时都取得极值，求 a 和 b 的值，并讨论 $f(x)$ 在 x_1 和 x_2 处是取得极大值还是极小值.

4. 求下列函数在给定区间上的最大值和最小值.

（1）$y = \sqrt{2x - x^2}$，$[0, 2]$；

（2）$y = x^4 - 8x^2 + 2$，$[-1, 3]$；

（3）$y = x^2 e^{-x^2}$，$[-2, 2]$.

5. 欲用围墙围成一块面积为 216 m^2 的矩形土地，并在正中用一堵墙将其隔成两块，问：这块地的长和宽选取多大的尺寸，才能使所用建筑材料最省？

6. 欲做一个底为正方形，容积为 108 m^3 的长方体开口容器，怎样做才能使所用材料最省？

7. 将一根定长为 l 的铁丝剪成两段，一段弯成圆形，另一段弯成正方形，问：怎样剪可使圆形与正方形的面积之和最小？

8. 已知半径为 R 的球，问：内接直圆柱的底半径与高为多大时，才能使直圆柱的体积最大？

9. 某厂生产电视机 θ 台的成本 $c(\theta) = 5000 + 250\theta - 0.01\theta^2$，销售收入是 $R(\theta) = 400\theta - 0.02\theta^2$. 如果生产的所有电视机都能售出，那么生产多少台电视机才能获得最大利润？

10. 对物体的长度进行了 n 次测量，测得 n 个数 x_1，x_2，$\cdots$，x_n. 现在要确定一个测量 x，使它与测得的数值之差的平方和最小，x 应是多少？

11. 把一根直径为 30 cm 的圆木锯成截面为矩形的梁(图 2-9),已知梁的抗弯截面模量 $W = \dfrac{1}{6}bh^2$,其中 b 和 h 分别为梁的截面矩形的宽和高,问:b 和 h 各为多少时,才能使梁的抗弯截面模量最大?

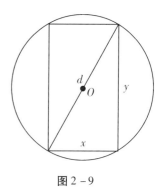

图 2-9

2.6 利用导数研究经济问题

本节介绍导数的概念在经济学中的两个应用:边际分析和弹性分析.

2.6.1 经济学中常见的基本函数关系

2.6.1.1 需求函数和供给函数

需求函数和供给函数是经济学中重要的基础概念.

消费者对一种商品的需求受到许多因素的影响,如果忽略其他因素,只考虑一种商品的价格和消费者的需求量之间的关系,就得到常见的需求函数,一般记为 $q = q_d(p)$,其中 q 表示需求量,p 表示价格. 需求函数一般是关于价格的减函数.

同样地,我们可以得到供给函数 $q = q_s(p)$,供给函数一般是关于价格的增函数.

当市场上的需求量和供给量相等时,需求和供给之间达到均衡,这时的价格和产量分别称为均衡价格和均衡产量.

2.6.1.2 收益函数

所谓收益函数,是指生产者出售一定数量的产品所得的全部收入,即收益 = 价格 × 销售量.

2.6.1.3 成本函数

天下没有免费的午餐,提到收益,就不能不讲成本. 在经济学教科书中总成本被分为固定成本(fixed cost,FC)和变动成本(variable cost,VC). 顾名思义,对于产量和销量来说,相对保持不变的称为固定成本,随着产量或销量变化而变化的称为变动成本. 因此总成本 = 固定成本 + 变动成本.

2.6.1.4 利润函数

我们可以把利润看作关于产量的函数,即利润 = 收益 - 成本,或者 $L(q) = R(q) - C(q)$.

利润最大化是一个企业的主要目标,在研究这个问题之前,我们需要先学习一些相关的经济学概念.

2.6.2　边际分析

边际概念是经济学中的一个重要概念. 利用导数研究经济变量的边际变化的方法, 称作边际分析方法.

设函数 $y = f(x)$ 可导, 那么导函数 $f'(x)$ 在经济学中叫作边际函数. 在经济学中有边际成本、边际收入、边际利润等.

2.6.2.1　边际成本

在经济学中, 边际成本定义为产量增加一个单位时所增加的成本.

设某产品产量为 q 单位时所需的总成本为 $C = C(q)$. 因为 $C(q+1) - C(q) = \Delta C(q)$ $\approx \mathrm{d}C(q) = C'(q)\Delta q = C'(q)$, 所以边际成本就是总成本函数关于产量 q 的导数.

2.6.2.2　边际收入

在经济学中, 边际收入定义为多销售一个单位产品所增加的收益.

设某产品产量的销售量为 q 单位时的收益函数为 $R = R(q)$, 则收入函数关于销售量 q 的导数就是该产品的边际收入 $R'(q)$.

2.6.2.3　边际利润

设某产品的销售量为 q 时的利润函数为 $L = L(q)$, 当 $L(q)$ 可导时, 称 $L'(q)$ 为销售量为 q 时边际利润, 它近似等于销售量为 q 时再多销售一个单位产品所增加(或减少)的利润.

由于利润函数为收入函数与总成本函数之差, 即 $L(q) = R(q) - C(q)$, 由导数运算法则可知 $L'(q) = R'(q) - C'(q)$.

即边际利润为边际收入与边际成本之差.

例 2.43　已知某商品的成本函数为 $C = C(q) = 100 + \dfrac{q^2}{4}$.

（1）求当 $q = 10$ 时的总成本、平均成本及边际成本;

（2）当产量 q 为多少时, 平均成本最小?

解　（1）由 $C = 100 + \dfrac{q^2}{4}$, 得 $\overline{C} = \dfrac{100}{q} + \dfrac{q}{4}$, $C' = \dfrac{q}{2}$.

当 $q = 10$ 时, 总成本为 $C(10) = 125$, 平均成本为 $\overline{C}(10) = 12.5$, 边际成本为 $C'(10) = 5$.

（2）$\overline{C}' = -\dfrac{100}{q^2} + \dfrac{1}{4}$, $\overline{C}'' = \dfrac{200}{q^3}$.

令 $\overline{C}' = 0$, 得 $q^2 = 400$, $q = 20$（只取正值）, $\overline{C}''(20) > 0$, 所以当 $q = 20$ 时, 平均成本最小.

例 2.44　设某产品的需求函数为 $q = 100 - 5p$, 求边际收入函数, 以及当 $q = 20$, 50, 70 时的边际收入.

解　收入函数为 $R(q) = pq$, 其中, 销售价格 p 需要从需求函数中反解出来, 即 $p =$

$\dfrac{1}{5}(100-q)$，于是收入函数为 $R(q)=\dfrac{1}{5}(100-q)q$，边际收入函数为 $R'(q)=\dfrac{1}{5}(100-2q)$，因此 $R'(20)=12$，$R'(50)=0$，$R'(70)=-8$.

由所得结果可知，当销售量即需求量为 20 个单位时，再增加销售可使总收入增加，再多销售一个单位产品，总收入约增加 12 个单位；当销售量为 50 个单位时，再增加销售总收入不会再增加；当销售量为 70 单位时，再多销售一个单位产品，反而使总收入大约减少 8 个单位.

2.6.2.4　利润最大化问题

任何一个盈利企业都要面对如何生产才能实现利润最大的问题. 我们知道利润等于收益减去成本，即 $L(q)=R(q)-C(q)$.

根据前面所学知道，在一定条件下，利润函数 $L(q)$ 取极值的必要条件是一阶导数为 0，即 $L'(q)=R'(q)-C'(q)=0$. 由此得到经济学中的"利润最大化原则"，也就是 $R'(q)=C'(q)$，即边际收益等于边际成本.

例 2.45　假定有一企业的成本函数是 $C(q)=10000+5q^2$，该企业只生产一种产品，该产品的售价是 2000 元/件，该公司如何生产才能实现利润最大？（假设不存在销售问题.）

解　该企业的边际成本为 $C'(q)=10q$，边际收益为 $R'(q)=(2000q)'=2000$.

根据边际收益与边际成本相等原则 $R'(q)=C'(q)$，得 $q=200$.

2.6.3　弹性分析

弹性是一个物理概念，经济学上用弹性表示一个变量对另外一个变量变化反应的灵敏程度. 例如，商品的需求量对价格变化的反应程度称为需求弹性. 弹性分析是经济分析中一种常用的方法，主要用于对生产、供给、需求等问题的研究.

下面先给出弹性的一般概念.

函数 $y=f(x)$ 的改变量 $\Delta y=f(x+\Delta x)-f(x)$ 称为函数在点 x 处的绝对增量，Δx 称为自变量在点 x 处的绝对增量，函数在点 x 处的绝对增量与函数在该点处的值之比 $\dfrac{\Delta y}{y}$ 称为函数在点 x 的相对增量.

定义 2.5　若函数 $y=f(x)$ 在点 x 处可导，且极限 $\lim\limits_{\Delta x\to 0}\dfrac{\Delta y/y}{\Delta x/x}$ 存在，则称

$$\lim_{\Delta x\to 0}\frac{\Delta y/y}{\Delta x/x}=\lim_{\Delta x\to 0}\frac{\Delta y}{\Delta x}\cdot\frac{x}{y}=\frac{x}{y}f'(x)$$

为函数 $y=f(x)$ 在点 x 处的**弹性**，记作 $\dfrac{\mathrm{E}y}{\mathrm{E}x}$ 或 $\eta(x)$，即

$$\frac{\mathrm{E}y}{\mathrm{E}x}=\frac{x}{y}f'(x)，\text{或}\ \eta(x)=\frac{x}{y}f'(x).$$

弹性 η 一般是关于 x 的函数，所以称为弹性函数. 从定义可以看出，函数 $f(x)$ 的弹性是函数的相对增量与自变量相对增量比值的极限，它反映随 x 的变化函数 $f(x)$ 变化幅度的大小，也就是函数 $f(x)$ 对 x 变化反映的强烈程度或灵敏度. 或解释成当自变量 x 变

化 1% 时函数 $f(x)$ 变化的百分数.

弹性有很多种,这里主要介绍需求对价格的弹性,简称需求弹性.

由需求函数 $q = q(p)$ 可得需求弹性为

$$\frac{Ey}{Ex} = \frac{p}{q}q'(p), \text{ 或 } \eta(x) = \frac{p}{q}q'(p).$$

需求弹性刻画商品价格变动时需求的变化程度,根据需求规律,需求函数 $q = q(p)$ 一般是关于价格的单调递减函数,需求弹性的数学运算结果一般取负值. 为了研究的方便,我们通常加上绝对值使它变成正值,因为我们只关心它的大小.

例 2.46　已知某商品需求函数为 $q = \dfrac{1200}{p}$,求价格为 30 时的需求弹性并解释其经济含义.

解　$\eta(p) = \left| \dfrac{p}{q}q'(p) \right| = \left| \dfrac{p}{\frac{1200}{p}} \cdot \left(-\dfrac{1200}{p^2} \right) \right| = 1$,　$\eta(30) = 1$.

它的经济意义是:当价格为 30 时,若价格上涨 1%,则需求减少 1%;若价格下跌 1%,则需求增加 1%.

例 2.47　已知某商品需求函数为 $q = e^{-\frac{p}{5}}$,求价格为 3,5,6 时的需求弹性并解释其经济含义.

解　$\eta(p) = \left| \dfrac{p}{q}q'(p) \right| = \left| \dfrac{p}{e^{-\frac{p}{5}}} \left(-\dfrac{1}{5}e^{-\frac{p}{5}} \right) \right| = \dfrac{p}{5}$.

$\eta(3) = 0.6$,它的经济意义是:当价格为 3 时,若价格上涨 1%,则需求减少 0.6%.

$\eta(5) = 1$,它的经济意义是:当价格为 5 时,价格与需求变动的幅度相同.

$\eta(6) = 1.2$,它的经济意义是:当价格为 6 时,若价格上涨 1%,则需求减少 1.2%.

以上讲的是需求价格弹性. 类似地,还可以讨论需求收入弹性、供给价格弹性等,这里就不再赘述.

习题 2.6

1. 填空题.

　(1) 某企业生产某产品,若总成本 C 与产量 q 的函数关系为 $C = 1000 + 25q$,则成本 C 相对于产量 q 的变化率(边际成本)为 ＿＿＿＿＿＿＿＿＿＿.

　(2) 某企业生产某产品,若总利润 L 与产量 q 的函数关系为 $L = 100 + 10q - 0.5q^2$,则利润 R 相对于产量 q 的变化率(边际利润)为 ＿＿＿＿＿＿＿＿.

　(3) 某企业生产某产品,若总利润 L 与产量 q 的函数关系为 $L = 1000 + 5q - 0.5q^2$,则当产量 $q = 5$ 时,利润 R 相对于产量 q 的变化率(边际利润)为 ＿＿＿＿＿＿＿.

2. 某化工厂日产能力最高为 1000 吨,每日产品的总成本 C(单位:元)是日产量

q(单位：吨)的函数, $C = C(q) = 1000 + 7q + 50\sqrt{q}$, $q \in [0, 100]$.

    (1) 求当日产量为 100 吨时的边际成本;

    (2) 求当日产量为 100 吨时的平均单位成本.

  3. 某厂每批生产某种商品 q 单位的费用(单位: 元)为 $C(q) = 5q + 200$, 得到的收益(单位: 元)是 $R(q) = 10q - 0.01q^2$. 问每批应生产多少单位时才能使利润最大?

  4. 设生产某种产品 q 个单位时的收入为 $R(q) = 200q - 0.01q^2$, 求生产 50 个单位时的收入、单位产品的平均收入及边际收入.

  5. 设某产品的总成本函数和收入函数分别为 $C(q) = 3 + 2\sqrt{q}$, $R(q) = \dfrac{5q}{q+1}$, 其中, q 为该产品的销售量, 求该产品的边际成本、边际收入和边际利润.

  6. 求函数 $f(x) = 100e^{3x}$ 的弹性函数 $\eta(x)$ 及 $\eta(2)$.

  7. 某种商品的需求量 q(单位: 件)是关于价格 p(单位: 元/件)的函数, $q(p) = -100e^{-0.1p}$, 如果这种商品的价格是 40 元/件, 试求这时需求量对价格的弹性, 并说明其经济意义.

  8. 求下列函数的弹性(a, b, c 为常数).

    (1) $y = ax^2 + bx + c$;   (2) $y = a^{bx}$;

    (3) $y = xe^x$;   (4) $y = x^a e^{-b(x+c)}$;

    (5) $y = \dfrac{b}{x+a} - c$.

  9. 设某种商品的需求函数为 $q = e^{-\frac{p}{4}}$.

    (1) 求需求弹性函数;

    (2) 求当 $p = 3, 4, 5$ 时的需求弹性, 并说明其经济意义.

复习题 2

  1. 求下列函数的导数.

    (1) $y = \sin x + \dfrac{1}{x} + \log_a x$;   (2) $y = (\sqrt{x} - 1)(x + 1)$;

    (3) $y = \ln(\tan x)$;   (4) $y = \sin^n x \cos nx$;

    (5) $y = \dfrac{2x - 2}{x^2 + 1}$.

  2. 求下列函数的二阶导数.

    (1) $y = \cos^2 x$;   (2) $y = \ln\sin x$;

    (3) $y = \sqrt{a^2 - x^2}$;   (4) $y = \ln\sqrt{1 - x^2}$.

  3. 求下列函数的微分.

    (1) $y = e^{-x}\cos 2x$;   (2) $y = \arcsin x^2$.

  4. 求下列各极限.

    (1) $\lim\limits_{x \to 0} \dfrac{\ln(1 + x^2)}{\sec x - \cos x}$;   (2) $\lim\limits_{x \to 0} \dfrac{\tan x - \sin x}{x^3}$;

（3）$\lim\limits_{x \to 0} \dfrac{\cos x - e^{-\frac{x^3}{3}}}{x^2}$;

（4）$\lim\limits_{x \to 0} \dfrac{1 + \sin^2 x - \cos x}{x^2}$;

（5）$\lim\limits_{x \to 0} \left(\dfrac{1}{x} - \dfrac{1}{e^x - 1} \right)$.

5. 设某产品的销售价为每单位 5 元，可变成本每单位 3.75 元，以 10 万元为单位的销售收入 R 和广告费 A 之间的关系式为 $R = 10A^{\frac{1}{2}} + 5$. 试求可使利润最大的最优广告支出.

第3章 不定积分

本章先从原函数的概念引出不定积分的定义和性质，并介绍多种积分法.

3.1 不定积分的概念

3.1.1 原函数的定义

函数 $F(x)$ 的导数为 $f(x)$，即 $F'(x) = f(x)$；反过来，若已知 $f(x)$，如何求 $F(x)$，满足 $F'(x) = f(x)$.

为此，我们先引进原函数的概念.

定义 3.1 设函数 $f(x)$ 是定义在区间 I 上的函数，若存在函数 $F(x)$，对任意的 $x \in I$，都有 $F'(x) = f(x)$ 或 $\mathrm{d}F(x) = f(x)\mathrm{d}x$，则称函数 $F(x)$ 为 $f(x)$ 在区间 I 上的**原函数**.

例如，因为 $(\sin x)' = \cos x$，所以 $\sin x$ 是 $\cos x$ 的一个原函数. 又因为 $(\sin x + C)' = \cos x$，所以 $\sin x + C$ 也是 $\cos x$ 的一个原函数.

因此，若一个函数存在原函数，则原函数不止一个.

关于原函数的两点说明：

(1) 若函数 $f(x)$ 在区间 I 内连续，则 $f(x)$ 在区间 I 内存在原函数.

(2) 若函数 $F(x)$ 是 $f(x)$ 在区间 I 内的一个原函数，即 $F'(x) = f(x)$，则 $f(x)$ 的所有原函数可表示为 $F(x) + C$（C 为任意常数）.

3.1.2 不定积分的定义

定义 3.2 函数 $f(x)$ 的全体原函数 $F(x) + C$ 称为 $f(x)$ 的**不定积分**，记为 $\int f(x)\mathrm{d}x$，即

$$\int f(x)\mathrm{d}x = F(x) + C.$$

其中，记号"$\int$"称为积分号，$f(x)$ 称为被积函数，x 称为积分变量，$f(x)\mathrm{d}x$ 称为被积表达式，C 称为积分常数.

由定义 3.2 知，求函数 $f(x)$ 的不定积分就是求已知函数 $f(x)$ 的全体原函数，只要求出 $f(x)$ 的一个原函数，再加上任意常数 C 即可．例如，因为 $\left(\dfrac{1}{2}\sin 2x\right)' = \cos 2x$，即 $\dfrac{1}{2}\sin 2x$ 是 $\cos 2x$ 的一个原函数，所以 $\displaystyle\int \cos 2x\,\mathrm{d}x = \dfrac{1}{2}\sin 2x + C$.

例 3.1　求 $\displaystyle\int x^3\,\mathrm{d}x$.

解　因为 $\left(\dfrac{x^4}{4}\right)' = x^3$，所以 $\dfrac{x^4}{4}$ 是 x^3 的一个原函数，因此

$$\int x^3\,\mathrm{d}x = \frac{x^4}{4} + C.$$

例 3.2　求 $\displaystyle\int \dfrac{1}{x}\,\mathrm{d}x$.

解　当 $x > 0$ 时，$(\ln x)' = \dfrac{1}{x}$，所以 $\ln x$ 是 $\dfrac{1}{x}$ 在 $(0, +\infty)$ 内的一个原函数，因此在 $(0, +\infty)$ 内，$\displaystyle\int \dfrac{1}{x}\,\mathrm{d}x = \ln x + C$.

当 $x < 0$ 时，$[\ln(-x)]' = \dfrac{(-x)'}{-x} = \dfrac{1}{x}$，所以 $\ln(-x)$ 是 $\dfrac{1}{x}$ 在 $(-\infty, 0)$ 内的一个原函数，因此在 $(-\infty, 0)$ 内，有 $\displaystyle\int \dfrac{1}{x}\,\mathrm{d}x = \ln(-x) + C$.

综上所述，得 $\displaystyle\int \dfrac{1}{x}\,\mathrm{d}x = \ln|x| + C\,(x \neq 0)$.

3.1.3　不定积分的性质

由不定积分的定义及导数的运算法则，可推出不定积分有以下性质：

性质 3.1　$\dfrac{\mathrm{d}}{\mathrm{d}x}\left[\displaystyle\int f(x)\,\mathrm{d}x\right] = f(x)$ 或 $\mathrm{d}\left[\displaystyle\int f(x)\,\mathrm{d}x\right] = f(x)\,\mathrm{d}x$.

性质 3.2　$\displaystyle\int f'(x)\,\mathrm{d}x = f(x) + C$ 或 $\displaystyle\int \mathrm{d}f(x) = f(x) + C$.

从上述两个性质可见，如果先积分后求导（或微分），那么两者的作用互相抵消；反之，如先求导（或微分）再积分，那么两者作用抵消后相差一个常数．如果不计相差一个常数的情况，求导数和求不定积分互为逆运算．

性质 3.3　两个函数和（差）的不定积分等于各个函数的不定积分的和（差），即

$$\int [f(x) \pm g(x)]\,\mathrm{d}x = \int f(x)\,\mathrm{d}x \pm \int g(x)\,\mathrm{d}x.$$

性质 3.3 对于有限个函数都是成立的．

性质 3.4　被积函数中不为零的常数因子可以提到积分号外，即

$$\int kf(x)\,\mathrm{d}x = k\int f(x)\,\mathrm{d}x\,(k\text{ 是不为零的常数}).$$

例 3.3　求 $\displaystyle\int (4x^3 + 2\sin x)\,\mathrm{d}x$.

解 $\int (4x^3 + 2\sin x)\,\mathrm{d}x = \int 4x^3\,\mathrm{d}x + 2\int \sin x\,\mathrm{d}x = x^4 - 2\cos x + C.$

3.1.4 基本积分公式

因为不定积分和求导数是互为逆运算，所以可由导数的基本公式得到相应的积分公式，现列举如下：

（1）$\int k\,\mathrm{d}x = kx + C$（$k$ 为常数）；

（2）$\int x^\mu\,\mathrm{d}x = \dfrac{1}{\mu + 1}x^{\mu + 1} + C\,(\mu \neq -1)$；

（3）$\int \dfrac{1}{x}\,\mathrm{d}x = \ln|x| + C$；

（4）$\int \mathrm{e}^x\,\mathrm{d}x = \mathrm{e}^x + C$；

（5）$\int a^x\,\mathrm{d}x = \dfrac{a^x}{\ln a} + C$；

（6）$\int \sin x\,\mathrm{d}x = -\cos x + C$；

（7）$\int \cos x\,\mathrm{d}x = \sin x + C$；

（8）$\int \dfrac{1}{\cos^2 x}\,\mathrm{d}x = \int \sec^2 x\,\mathrm{d}x = \tan x + C$；

（9）$\int \dfrac{1}{\sin^2 x}\,\mathrm{d}x = \int \csc^2 x\,\mathrm{d}x = -\cot x + C$；

（10）$\int \sec x \tan x\,\mathrm{d}x = \sec x + C$；

（11）$\int \csc x \cot x\,\mathrm{d}x = -\csc x + C$；

（12）$\int \dfrac{1}{1 + x^2}\,\mathrm{d}x = \arctan x + C$；

（13）$\int \dfrac{1}{\sqrt{1 - x^2}}\,\mathrm{d}x = \arcsin x + C.$

以上基本积分公式是求不定积分的基础，必须熟记．在求不定积分时，经常需要对被积函数作适当的代数变形，将其化成基本积分公式的形式，进而求出积分．这种方法称为直接积分法.

例 3.4 求 $\int \dfrac{1}{x^2 \sqrt[3]{x}}\,\mathrm{d}x.$

解 $\int \dfrac{1}{x^2 \sqrt[3]{x}}\,\mathrm{d}x = \int x^{-\frac{7}{3}}\,\mathrm{d}x = \dfrac{1}{-\frac{7}{3} + 1}x^{-\frac{7}{3} + 1} + C = -\dfrac{3}{4}x^{-\frac{4}{3}} + C = -\dfrac{3}{4x\sqrt[3]{x}} + C.$

例 3.5 求 $\int \left(\dfrac{1}{x^2} + \dfrac{2}{x} - 2 \right)\mathrm{d}x.$

解 $\int \left(\dfrac{1}{x^2} + \dfrac{2}{x} - 2 \right)\mathrm{d}x = \int x^{-2}\,\mathrm{d}x + 2\int \dfrac{1}{x}\,\mathrm{d}x - 2\int \mathrm{d}x = -\dfrac{1}{x} + 2\ln|x| - 2x + C.$

例 3.6 求 $\int \dfrac{(1 - x)^3}{x^2}\,\mathrm{d}x.$

解 该不定积分不能直接用基本公式，需要对被积函数恒等变形，化为代数和形式再逐项积分.

$$\int \dfrac{(1 - x)^3}{x^2}\,\mathrm{d}x = \int \left(\dfrac{1}{x^2} - \dfrac{3}{x} + 3 - x \right)\mathrm{d}x$$

$$= \int x^{-2}\,\mathrm{d}x - 3\int \dfrac{1}{x}\,\mathrm{d}x + 3\int \mathrm{d}x - \int x\,\mathrm{d}x$$

$$= -\frac{1}{x} - 3\ln|x| + 3x - \frac{x^2}{2} + C.$$

例 3.7　求 $\int 3^x \mathrm{e}^x \mathrm{d}x.$

解　$\int 3^x \mathrm{e}^x \mathrm{d}x = \int (3\mathrm{e})^x \mathrm{d}x = \frac{(3\mathrm{e})^x}{\ln(3\mathrm{e})} + C = \frac{3^x \mathrm{e}^x}{\ln 3 + 1} + C.$

例 3.8　求 $\int \cos^2 \frac{x}{2} \mathrm{d}x.$

解　$\int \cos^2 \frac{x}{2} \mathrm{d}x = \int \frac{1 + \cos x}{2} \mathrm{d}x = \frac{1}{2}\left(\int \mathrm{d}x + \int \cos x \mathrm{d}x \right) = \frac{1}{2}(x + \sin x) + C.$

例 3.9　求 $\int \frac{x^2}{1 + x^2} \mathrm{d}x.$

解
$$\int \frac{x^2}{1 + x^2} \mathrm{d}x = \int \frac{(x^2 + 1) - 1}{1 + x^2} \mathrm{d}x = \int \left(1 - \frac{1}{1 + x^2} \right) \mathrm{d}x$$
$$= \int \mathrm{d}x - \int \frac{1}{1 + x^2} \mathrm{d}x$$
$$= x - \arctan x + C.$$

例 3.10　求 $\int \frac{1}{x^2(1 + x^2)} \mathrm{d}x.$

解
$$\int \frac{1}{x^2(1 + x^2)} \mathrm{d}x = \int \frac{(1 + x^2) - x^2}{x^2(1 + x^2)} \mathrm{d}x = \int \left(\frac{1}{x^2} - \frac{1}{1 + x^2} \right) \mathrm{d}x$$
$$= \int \frac{1}{x^2} \mathrm{d}x - \int \frac{1}{1 + x^2} \mathrm{d}x$$
$$= -\frac{1}{x} - \arctan x + C.$$

例 3.11　设曲线经过点 $(0,3)$ 且曲线上任一点 (x, y) 处的切线斜率为 e^x，试求曲线方程.

解　设曲线方程为 $y = f(x)$，由题意知 $f'(x) = \mathrm{e}^x$，即 $f(x)$ 是 e^x 的一个原函数，故
$$f(x) = \int \mathrm{e}^x \mathrm{d}x = \mathrm{e}^x + C.$$
再将 $x = 0$，$y = 3$ 代入 $y = \mathrm{e}^x + C$，得 $C = 2.$
于是所求的曲线方程是 $y = \mathrm{e}^x + 2.$

习题 3.1

1. 验证下列等式是否成立.

(1) $\int \frac{x}{\sqrt{1 + x^2}} \mathrm{d}x = \sqrt{1 + x^2} + C$；

(2) $\int \mathrm{e}^{2x} \mathrm{d}x = \frac{1}{2} \mathrm{e}^{2x} + C.$

2. 求下列函数的不定积分.

(1) $\int (2\mathrm{e}^x + 3\cos x - 1) \mathrm{d}x$；

(2) $\int \frac{x^2 + \sqrt{x} + 3}{\sqrt{x}} \mathrm{d}x$；

(3) $\int\left(\dfrac{2}{x}+\dfrac{x}{3}\right)^2 \mathrm{d}x$；

(4) $\int \dfrac{\sqrt{1+x^2}}{\sqrt{1-x^4}}\mathrm{d}x$；

(5) $\int \dfrac{1+2x^2}{x^2(1+x^2)}\mathrm{d}x$；

(6) $\int(\sqrt{x}+1)(x^2-1)\mathrm{d}x$；

(7) $\int 2^{x-3}\mathrm{d}x$；

(8) $\int \mathrm{e}^x\left(1-\dfrac{\mathrm{e}^{-x}}{\sqrt{x}}\right)\mathrm{d}x$；

(9) $\int \dfrac{\cos 2x}{\cos x-\sin x}\mathrm{d}x$；

(10) $\int \dfrac{\mathrm{e}^{2x}-1}{\mathrm{e}^x+1}\mathrm{d}x$.

3. 某曲线在任一点处的切线斜率等于该点横坐标的倒数且经过点 $(\mathrm{e}^3,3)$，求此曲线的方程.

3.2 不定积分换元法

利用基本积分公式与直接积分法所能计算的积分非常有限，因此有必要寻找更有效的积分方法. 本节将介绍换元积分法，简称换元法.

3.2.1 第一类换元法

第一类换元积分法是与复合函数微分法则相逆的积分法.

例如，公式 $\int \cos x\mathrm{d}u=\sin x+C$，积分 $\int \cos 2x\mathrm{d}x$ 能否直接套用公式？显然不行，这是因为 $\cos 2x$ 是 x 的复合函数. 为了利用这个公式，设 $u=2x$，把积分作如下变量代换后，再利用这个公式计算.

$$\int \cos 2x\mathrm{d}x=\frac{1}{2}\int \cos 2x\mathrm{d}(2x)=\frac{1}{2}\int \cos u\mathrm{d}u=\frac{1}{2}\sin u+C=\frac{1}{2}\sin 2x+C.$$

一般地，如果所求的不定积分，其被积函数能写成 $f(\varphi(x))\cdot\varphi'(x)$ 的形式，则有下面的定理.

定理 3.1 设 $\int f(u)\mathrm{d}u=F(u)+C$，$u=\varphi(x)$ 具有连续导数，则

$$\int f(\varphi(x))\cdot\varphi'(x)\mathrm{d}x=\int f(\varphi(x))\cdot\mathrm{d}\varphi(x)=\int f(u)\mathrm{d}u=F(u)+C=F(\varphi(x))+C.$$

证明 因为 $F'(u)=f(u)$，$u=\varphi(x)$，由复合函数求导法则得

$$\frac{\mathrm{d}}{\mathrm{d}x}F[\varphi(x)]=F'(u)\cdot\varphi'(x)=f(u)\varphi'(x)=f[(\varphi(x)]\cdot\varphi'(x),$$

所以 $F(\varphi(x))$ 是 $f(\varphi(x))\varphi'(x)$ 的一个原函数，从而

$$\int f(\varphi(x))\cdot\varphi'(x)\mathrm{d}x=\int f(\varphi(x))\mathrm{d}\varphi(x)=\int f(u)\mathrm{d}u=F(u)+C=F(\varphi(x))+C.$$

在求积分 $\int g(x)\mathrm{d}x$ 时，如果函数 $g(x)$ 可以化为 $f(\varphi(x))\varphi'(x)$ 的形式，那么

$$\int g(x)\mathrm{d}x = \int f(\varphi(x))\varphi'(x)\mathrm{d}x = \int f(\varphi(x))\mathrm{d}\varphi(x) = \left[\int f(u)\mathrm{d}u\right]_{u=\varphi(x)}.$$

这种积分方法称为第一类换元积分法，应用时关键的一步在于将 $g(x)\mathrm{d}x$ "凑成" $f(\varphi(x))\mathrm{d}\varphi(x)$，因此这种积分法亦称为凑微分法.

例 3.12　计算 $\int(2-3x)^7\mathrm{d}x$.

解　被积函数 $(2-3x)^7$ 是一个复合函数，可令 $u=2-3x$，而 $\mathrm{d}u=\mathrm{d}(2-3x)=-3\mathrm{d}x$，则

$$\int(2-3x)^7\mathrm{d}x = -\frac{1}{3}\int u^7\mathrm{d}u$$

$$= -\frac{1}{24}u^8 + C = -\frac{1}{24}(2-3x)^8 + C.$$

一般地，不需写出中间变量的代换过程，直接通过凑微分计算即可：

$$\int(2-3x)^7\mathrm{d}x = -\frac{1}{3}\int(2-3x)^7\mathrm{d}(2-3x) = -\frac{1}{24}(2-3x)^8 + C.$$

例 3.13　计算 $\int\sec^2\frac{x}{3}\mathrm{d}x$.

解　$\int\sec^2\frac{x}{3}\mathrm{d}x = 3\int\sec^2\frac{x}{3}\mathrm{d}\left(\frac{x}{3}\right) = 3\tan\frac{x}{3} + C.$

例 3.14　计算 $\int\dfrac{1}{3+2x}\mathrm{d}x$.

解　$\int\dfrac{1}{3+2x}\mathrm{d}x = \dfrac{1}{2}\int\dfrac{1}{3+2x}\mathrm{d}(3+2x) = \dfrac{1}{2}\ln|3+2x| + C.$

例 3.15　计算 $\int x\mathrm{e}^{x^2}\mathrm{d}x$.

解　$\int x\mathrm{e}^{x^2}\mathrm{d}x = \dfrac{1}{2}\int\mathrm{e}^{x^2}\mathrm{d}(x^2) = \dfrac{1}{2}\mathrm{e}^{x^2} + C.$

例 3.16　计算 $\int x\sqrt{1-x^2}\mathrm{d}x$.

解　$\int x\sqrt{1-x^2}\mathrm{d}x = -\dfrac{1}{2}\int\sqrt{1-x^2}\mathrm{d}(1-x^2) = -\dfrac{1}{3}(1-x^2)^{\frac{3}{2}} + C.$

以上几例都是直接用凑微分求积分的，这里熟悉一些"凑微分"是非常有用的. 下面介绍几个凑微分的等式供参考（a，b 为常数，$a\neq0$）.

$$\mathrm{d}x = \frac{1}{a}\mathrm{d}(ax+b)\,;\quad x\mathrm{d}x = \frac{1}{2}\mathrm{d}(x^2) = \frac{1}{2a}\mathrm{d}(ax^2+b)\,;$$

$$\frac{\mathrm{d}x}{x} = \frac{1}{a}\mathrm{d}(a\ln|x|+b)\,;\quad \frac{\mathrm{d}x}{\sqrt{x}} = 2\mathrm{d}(\sqrt{x}) = \frac{2}{a}\mathrm{d}(a\sqrt{x}+b)\,;$$

$$\frac{\mathrm{d}x}{x^2} = -\mathrm{d}\left(\frac{1}{x}\right)\,;\quad \mathrm{e}^x\mathrm{d}x = \mathrm{d}(\mathrm{e}^x)\,;\quad \cos x\mathrm{d}x = \mathrm{d}(\sin x)\,;$$

$$\sin x\mathrm{d}x = -\mathrm{d}(\cos x)\,;\quad \sec^2 x\mathrm{d}x = \mathrm{d}(\tan x)\,;$$

$$\frac{\mathrm{d}x}{\sqrt{1-x^2}} = \mathrm{d}(\arcsin x)\,;\quad \frac{\mathrm{d}x}{1+x^2} = \mathrm{d}(\arctan x).$$

例 3.17   计算 $\int \dfrac{\mathrm{d}x}{x(1+2\ln x)}$.

解 $\int \dfrac{\mathrm{d}x}{x(1+2\ln x)} = \dfrac{1}{2} \int \dfrac{\mathrm{d}(1+2\ln x)}{1+2\ln x}$

$$= \dfrac{1}{2}\ln|1+2\ln x| + C.$$

例 3.18   计算 $\int \dfrac{\cos\sqrt{x}}{\sqrt{x}}\mathrm{d}x$.

解 $\int \dfrac{\cos\sqrt{x}}{\sqrt{x}}\mathrm{d}x = 2\int \cos\sqrt{x}\,\mathrm{d}\sqrt{x} = 2\sin\sqrt{x} + C.$

3.2.2   第二类换元法

第一类换元法是通过变量代换 $u=\varphi(x)$ 把积分 $\int f[\varphi(x)]\varphi'(x)\mathrm{d}x$ 化为积分 $\int f(u)\mathrm{d}u$. 有时会遇到相反的情形,选择代换 $x=\psi(t)$,把积分 $\int f(x)\mathrm{d}x$ 化为积分 $\int f(\psi(t))\psi'(t)\mathrm{d}t$,这种方法称为第二类换元法.

定理 3.2   设 $x=\psi(t)$ 是单调的、可导的函数,并且 $\psi'(t)\neq0$. 又设 $f(\psi(t))\psi'(t)$ 具有原函数 $F(t)$,则有换元公式

$$\int f(x)\mathrm{d}x = \int f[\psi(t)]\psi'(t)\mathrm{d}t = F(t) + C = F[\psi^{-1}(x)] + C,$$

其中,$t=\psi^{-1}(x)$ 是 $x=\psi(t)$ 的反函数.

利用复合函数及反函数的求导法则容易证明定理 3.2,此处证明从略.

下面举例说明定理的应用.

例 3.19   计算 $\int \dfrac{1}{\sqrt{1+x}+1}\mathrm{d}x$.

解   为了消去根式,令 $\sqrt{1+x}=t$,则 $x=t^2-1$,$\mathrm{d}x=2t\mathrm{d}t$,于是

$$\int \dfrac{1}{\sqrt{1+x}+1}\mathrm{d}x = \int \dfrac{2t}{t+1}\mathrm{d}t$$

$$= 2\int \dfrac{t+1-1}{t+1}\mathrm{d}t = 2\int \left(1-\dfrac{1}{t+1}\right)\mathrm{d}t$$

$$= 2t - 2\ln|t+1| + C$$

$$= 2\sqrt{1+x} - 2\ln|\sqrt{1+x}+1| + C.$$

例 3.20   计算 $\int \dfrac{1}{\sqrt{x}+\sqrt[3]{x}}\mathrm{d}x$.

解   被积函数含 $\sqrt{x}$ 与 $\sqrt[3]{x}$,为了消去根式,令 $\sqrt[6]{x}=t$,则 $x=t^6$,$\mathrm{d}x=6t^5\mathrm{d}t$,于是

$$\int \dfrac{1}{\sqrt{x}+\sqrt[3]{x}}\mathrm{d}x = \int \dfrac{6t^5}{t^3+t^2}\mathrm{d}t = 6\int \dfrac{t^3}{t+1}\mathrm{d}t$$

$$= 6\int \frac{t^3 + 1 - 1}{t + 1}\,\mathrm{d}t = 6\int \left(t^2 - t + 1 - \frac{1}{t+1}\right)\mathrm{d}t$$

$$= 2t^3 - 3t^2 + 6t - 6\ln|t+1| + C$$

$$= 2\sqrt{x} - 3\sqrt[3]{x} + 6\sqrt[6]{x} - 6\ln|\sqrt[6]{x} + 1| + C.$$

在应用第二类换元积分法中，若被积函数中含根式 $\sqrt[n]{ax+b}$，所作变量代换 $t = \sqrt[n]{ax+b}$.

习题 3.2

计算下列不定积分.

(1) $\displaystyle\int (2x+5)^4\,\mathrm{d}x$；

(2) $\displaystyle\int \frac{1}{\sqrt[3]{1-3x}}\,\mathrm{d}x$；

(3) $\displaystyle\int a^{4x}\,\mathrm{d}x$；

(4) $\displaystyle\int \frac{\mathrm{e}^x}{1+\mathrm{e}^x}\,\mathrm{d}x$；

(5) $\displaystyle\int x(2x^2-3)^4\,\mathrm{d}x$；

(6) $\displaystyle\int \frac{x}{\sqrt[3]{1-3x^2}}\,\mathrm{d}x$；

(7) $\displaystyle\int \frac{1}{x^2}\sin\frac{1}{x}\,\mathrm{d}x$；

(8) $\displaystyle\int \frac{\sqrt{1+4\ln x}}{x}\,\mathrm{d}x$；

(9) $\displaystyle\int \cos(3x+1)\,\mathrm{d}x$；

(10) $\displaystyle\int \mathrm{e}^x\cos\mathrm{e}^x\,\mathrm{d}x$；

(11) $\displaystyle\int \frac{1}{\sqrt{x}+x}\,\mathrm{d}x$；

(12) $\displaystyle\int \frac{1}{x\sqrt{2x-1}}\,\mathrm{d}x$.

3.3　不定积分分部积分法

换元积分法虽然可以解决许多函数的积分问题，但仍然有一些函数的积分不能用换元积分法解决，本节从函数乘积的求导法则出发，得到积分的又一种重要的方法——分部积分法.

设函数 $u=u(x)$ 及 $v=v(x)$ 具有连续导数，则两个函数乘积的导数公式为 $(uv)'=u'v+uv'$，移项得 $uv'=(uv)'-u'v$. 对这个等式两边求不定积分，得 $\int uv'\mathrm{d}x = uv - \int u'v\mathrm{d}x$ 或 $\int u\mathrm{d}v = uv - \int v\mathrm{d}u$. 这个公式称为分部积分公式. 此式说明，如果计算积分 $\int u\mathrm{d}v$ 比较困难，而积分 $\int v\mathrm{d}u$ 容易计算，就可以利用公式把求 $\int u\mathrm{d}v$ 转化为求 $\int v\mathrm{d}u$.

例 3.21　计算 $\int x\cos x\mathrm{d}x$.

解　设 $u=x$，$\mathrm{d}v=\cos x\mathrm{d}x$，则 $\mathrm{d}u=\mathrm{d}x$，$v=\sin x$，应用分部积分公式，得

$$\int x\cos x\mathrm{d}x = \int x\mathrm{d}\sin x = x\sin x - \int \sin x\mathrm{d}x$$

$$= x\sin x + \cos x + C.$$

若设 $u = \cos x$，$\mathrm{d}v = x\mathrm{d}x$，则 $\mathrm{d}u = -\sin x\mathrm{d}x$，$v = \dfrac{x^2}{2}$，应用分部积分公式，得

$$\int x\cos x\mathrm{d}x = \int \cos x\mathrm{d}\frac{x^2}{2} = \frac{x^2}{2}\cos x + \frac{1}{2}\int x^2\sin x\mathrm{d}x.$$

显然，$\int x^2\sin x\mathrm{d}x$ 比 $\int x\cos x\mathrm{d}x$ 更复杂. 由例 3.21 可看出，应用分部积分公式的关键在于选取恰当的 u 和 $\mathrm{d}v$. 一般地，在 u 和 $\mathrm{d}v$ 的选取时考虑以下两点：

（1）v 要容易求出；

（2）$\int v\mathrm{d}u$ 要比 $\int u\mathrm{d}v$ 容易求出.

例 3.22 计算 $\int x^2\mathrm{e}^x\mathrm{d}x$.

解 设 $u = x^2$，$\mathrm{d}v = \mathrm{e}^x\mathrm{d}x$，则 $\mathrm{d}u = 2x\mathrm{d}x$，$v = \mathrm{e}^x$，于是

$$\int x^2\mathrm{e}^x\mathrm{d}x = \int x^2\mathrm{d}\mathrm{e}^x = x^2\mathrm{e}^x - \int \mathrm{e}^x\mathrm{d}x^2 = x^2\mathrm{e}^x - 2\int x\mathrm{e}^x\mathrm{d}x.$$

对 $\int x\mathrm{e}^x\mathrm{d}x$ 再次应用分部积分公式，得

$$\int x\mathrm{e}^x\mathrm{d}x = \int x\mathrm{d}\mathrm{e}^x = x\mathrm{e}^x - \int \mathrm{e}^x\mathrm{d}x = x\mathrm{e}^x - \mathrm{e}^x + C_1,$$

所以 $\int x^2\mathrm{e}^x\mathrm{d}x = x^2\mathrm{e}^x - 2(x\mathrm{e}^x - \mathrm{e}^x + C_1) = (x^2 - 2x + 2)\mathrm{e}^x + C.$

由例 3.22 可知，有时需要多次应用分部积分公式才能得出结果.

在计算熟练后，可以省略设 u、$\mathrm{d}v$ 的步骤，将所求积分化为 $\int v\mathrm{d}u$ 的形式直接应用分部积分公式.

例 3.23 计算 $\int x\ln x\mathrm{d}x$.

解 $\displaystyle\int x\ln x\mathrm{d}x = \frac{1}{2}\int \ln x\mathrm{d}x^2 = \frac{1}{2}x^2\ln x - \frac{1}{2}\int x^2\mathrm{d}\ln x = \frac{1}{2}x^2\ln x - \frac{1}{2}\int x^2\cdot\frac{1}{x}\mathrm{d}x$

$$= \frac{1}{2}x^2\ln x - \frac{1}{2}\int x\mathrm{d}x = \frac{1}{2}x^2\ln x - \frac{1}{4}x^2 + C.$$

通过以上例子发现，应用分部积分公式时，u 和 $\mathrm{d}v$ 的选取有一定的规律性，现小结如下：

（1）被积函数为幂函数与三角（指数）函数相乘，设幂函数为 u；

（2）被积函数为幂函数与对数函数相乘，设对数函数为 u.

习题 3.3

计算下列不定积分.

(1) $\int x\mathrm{e}^{-x}\mathrm{d}x$；　　　　　　(2) $\int x\sin x\mathrm{d}x$；

(3) $\int \ln x\mathrm{d}x$；　　　　　　(4) $\int x^2\cos x\mathrm{d}x$；

(5) $\int (x^2 - x + 1)\ln x\mathrm{d}x$；　　　(6) $\int \mathrm{e}^x\sin x\mathrm{d}x$.

3.4　积分表的使用

积分的计算比较灵活、复杂. 为了应用的方便，人们把常用的一些函数的积分结果汇集成表，这种表称为积分表(附录四). 求积分时，可根据被积函数的类型，直接地或经过简单变形，然后在表内查得所需的结果. 下面举例说明.

例 3.24 查表求 $\int \dfrac{x}{(3x+4)^2}\mathrm{d}x$.

解 被积函数含有 $ax+b$ 的积分，查附录四积分表(一)中公式 7，得

$$\int \frac{x}{(ax+b)^2}\mathrm{d}x = \frac{1}{a^2}\left(\ln|ax+b| + \frac{b}{ax+b}\right) + C.$$

现在 $a=3$，$b=4$，于是

$$\int \frac{x}{(3x+4)^2}\mathrm{d}x = \frac{1}{9}\left(\ln|3x+4| + \frac{4}{3x+4}\right) + C.$$

例 3.25 查表求 $\int \dfrac{\mathrm{d}x}{x^2+4}$.

解 被积函数含 x^2+a^2 的积分，查附录四积分表(三)中公式 19，得

$$\int \frac{\mathrm{d}x}{x^2+a^2} = \frac{1}{a}\arctan\frac{x}{a} + C.$$

这里 $a=2$，于是

$$\int \frac{\mathrm{d}x}{x^2+4} = \frac{1}{2}\arctan\frac{x}{2} + C.$$

例 3.26 查表求 $\int \dfrac{\mathrm{d}x}{x^2-9}$.

解 被积函数含 x^2-a^2 的积分，查附录四积分表(三)中公式 21，得

$$\int \frac{\mathrm{d}x}{x^2-a^2} = \frac{1}{2a}\ln\left|\frac{x-a}{x+a}\right| + C.$$

这里 $a = 3$，于是

$$\int \frac{\mathrm{d}x}{x^2 - 9} = \frac{1}{6} \ln \left| \frac{x-3}{x+3} \right| + C.$$

例 3.27　查表求 $\displaystyle\int \frac{\mathrm{d}x}{\sqrt{2 - x^2}}$.

解　被积函数含 $\sqrt{a^2 - x^2}$ 的积分，查附录四积分表(八)中公式58，得

$$\int \frac{\mathrm{d}x}{\sqrt{a^2 - x^2}} = \arcsin \frac{x}{a} + C.$$

这里 $a = \sqrt{2}$，于是

$$\int \frac{\mathrm{d}x}{\sqrt{2 - x^2}} = \arcsin \frac{\sqrt{2}x}{2} + C.$$

习题 3.4

利用积分表计算下列不定积分.

(1) $\displaystyle\int \frac{1}{x^2 + 2x + 5} \mathrm{d}x$；

(2) $\displaystyle\int \frac{1}{\sqrt{5 - 4x + x^2}} \mathrm{d}x$；

(3) $\displaystyle\int x \arcsin \frac{x}{2} \mathrm{d}x$；

(4) $\displaystyle\int x^2 \sqrt{x^2 - 2} \mathrm{d}x$；

(5) $\displaystyle\int \cos^4 2x \mathrm{d}x$；

(6) $\displaystyle\int \frac{1}{(x^2 + 9)^2} \mathrm{d}x$；

(7) $\displaystyle\int \mathrm{e}^{2x} \cos x \mathrm{d}x$；

(8) $\displaystyle\int \frac{1}{5 + 3\cos x} \mathrm{d}x$.

复习题 3

计算下列不定积分.

(1) $\displaystyle\int \frac{x + \sqrt[3]{x}}{\sqrt{x}} \mathrm{d}x$；

(2) $\displaystyle\int \frac{1}{\sqrt{1 - 2x}} \mathrm{d}x$；

(3) $\displaystyle\int \frac{\cos x}{\sin^4 x} \mathrm{d}x$；

(4) $\displaystyle\int \frac{x}{(1 + x^2)^3} \mathrm{d}x$；

(5) $\displaystyle\int \frac{1 + \cos x}{x + \sin x} \mathrm{d}x$；

(6) $\displaystyle\int \frac{\mathrm{e}^x}{4 + \mathrm{e}^{2x}} \mathrm{d}x$；

(7) $\displaystyle\int \frac{\cos^2 x}{\sin x} \mathrm{d}x$；

(8) $\displaystyle\int \frac{1}{x \ln^2 x} \mathrm{d}x$；

(9) $\displaystyle\int \frac{1}{(x + 2)\sqrt{x + 1}} \mathrm{d}x$；

(10) $\displaystyle\int \frac{x}{\sqrt{1 + x^2}} \mathrm{d}x$；

(11) $\displaystyle\int \frac{\ln x}{x^2} \mathrm{d}x$；

(12) $\displaystyle\int \mathrm{e}^x \cos 2x \mathrm{d}x$.

第4章 定积分

本章先从实际问题引进定积分的概念，然后讨论它的性质和计算方法，最后介绍用微元法解决一些几何问题.

4.1 定积分的概念

4.1.1 定积分的定义

例 4.1 设 $y = f(x)$ 是区间 $[a, b]$ 上的非负、连续函数，由直线 $x = a$，$x = b$，$y = 0$ 及曲线 $y = f(x)$ 所围成的平面图形称为曲边梯形（图 4 - 1），其中，曲线弧称为曲边，求曲边梯形的面积 A.

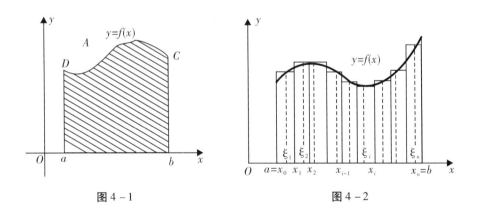

图 4 - 1   图 4 - 2

解 将曲边梯形分割成若干个小的曲边梯形，每个小曲边梯形都用一个与它等宽的小矩形代替，每个小曲边梯形的面积都近似地等于小矩形的面积，则所有小矩形面积的和就是曲边梯形面积的近似值（图 4 - 2）. 显然，分点越多、每个小曲边梯形越窄，所求得的曲边梯形面积 A 的近似值就越接近曲边梯形面积 A 的精确值. 因此，要求曲边梯形面积 A 的精确值，只需无限地增加分点，使每个小曲边梯形的宽度趋于零，这时所有小矩形面积之和的极限就是曲边梯形的面积 A. 由此得到求曲边梯形面积的方法，具体步骤如下：

第一步：分割. 在区间$[a, b]$中任意插入$n-1$个分点$a=x_0<x_1<\cdots<x_{i-1}<x_i<\cdots<x_n=b$，把$[a, b]$分成$n$个小区间$[x_0, x_1]$，$\cdots$，$[x_{i-1}, x_i]$，$\cdots$，$[x_{n-1}, x_n]$，它们的长度依次为$\Delta x_1=x_1-x_0$，$\cdots$，$\Delta x_i=x_i-x_{i-1}$，$\cdots$，$\Delta x_n=x_n-x_{n-1}$. 过各分点作平行于$y$轴的直线段，把曲边梯形分成$n$个小曲边梯形.

第二步：作近似. 在每个小区间$[x_{i-1}, x_i]$上任取一点ξ_i，用以$[x_{i-1}, x_i]$的长度为底、以$f(\xi_i)$为高的小矩形面积近似代替第i个小曲边梯形的面积ΔA_i，即$\Delta A_i\approx f(\xi_i)\Delta x_i(i=1, 2, \cdots, n)$.

第三步：求和. 把这n个小矩形面积之和作为所求曲边梯形面积A的近似值，即

$$A\approx f(\xi_1)\Delta x_1+f(\xi_2)\Delta x_2+\cdots+f(\xi_i)\Delta x_i+\cdots+f(\xi_n)\Delta x_n=\sum_{i=1}^{n}f(\xi_i)\Delta x_i.$$

第四步：取极限. 记$\lambda=\max\{\Delta x_1, \Delta x_2, \cdots, \Delta x_i, \cdots, \Delta x_n\}$，当$\lambda\to 0$时，$\sum_{i=1}^{n}f(\xi_i)\Delta x_i$的极限就是曲边梯形的面积$A$，即$A=\lim\limits_{\lambda\to 0}\sum_{i=1}^{n}f(\xi_i)\Delta x_i$.

例4.2 设一物体做直线运动，已知速度$v=v(t)$是时间间隔$[T_1, T_2]$上的连续函数，且$v(t)\geqslant 0$，计算在这段时间内物体所经过的路程s.

解 把时间间隔$[T_1, T_2]$分成n个小的时间间隔Δt_i，在每个小的时间间隔Δt_i内，物体运动看成是匀速的，其速度近似为物体在时间间隔Δt_i内某点ξ_i的速度$v(\xi_i)$，物体在时间间隔Δt_i内运动的距离近似为$\Delta s_i\approx v(\xi_i)\Delta t_i$. 把物体在每一小的时间间隔$\Delta t_i$内运动的距离加起来作为物体在时间间隔$[T_1, T_2]$内所经过的路程$s$的近似值. 具体做法是：

第一步：分割. 在时间间隔$[T_1, T_2]$内任意插入$n-1$个分点，$T_1=t_0<t_1<\cdots<t_{i-1}<t_i<\cdots<t_n=T_2$，把$[T_1, T_2]$分成$n$个小区间$[t_0, t_1]$，$\cdots$，$[t_{i-1}, t_i]$，$\cdots$，$[t_{n-1}, t_n]$，各小区间时间的长依次为$\Delta t_1=t_1-t_0$，$\cdots$，$\Delta t_i=t_i-t_{i-1}$，$\cdots$，$\Delta t_n=t_n-t_{n-1}$.

第二步：作近似. 在时间间隔$[t_{i-1}, t_i]$上任取一个时刻ξ_i，以ξ_i时刻的速度$v(\xi_i)$来代替$[t_{i-1}, t_i]$上各个时刻的速度，得到部分路程Δs_i的近似值，即$\Delta s_i\approx v(\xi_i)\Delta t_i(i=1, 2, \cdots, n)$.

第三步：求和. 这n段部分路程的近似值之和就是所求变速直线运动路程s的近似值，即$s\approx\sum_{i=1}^{n}v(\xi_i)\Delta t_i$.

第四步：取极限. 记$\lambda=\max\{\Delta t_1, \Delta t_2, \cdots, \Delta t_i, \cdots, \Delta t_n\}$，当$\lambda\to 0$时，取上述和式的极限，即得变速直线运动的路程$s=\lim\limits_{\lambda\to 0}\sum_{i=1}^{n}v(\xi_i)\Delta t_i$.

尽管上述问题的具体意义不同，但解决问题的方法都可采用分割、作近似、求和、取极限四个步骤. 抛开它们的具体意义，从表达式在数量关系上的共同特性，抽象出下述定积分的定义.

定义4.1 设函数$f(x)$在$[a, b]$上有界，在区间$[a, b]$中任意插入$n-1$个分点$a=x_0<x_1<\cdots<x_{i-1}<x_i<\cdots<x_n=b$，把$[a, b]$分成$n$个小区间$[x_0, x_1]$，$\cdots$，$[x_{i-1}, x_i]$，$\cdots$，$[x_{n-1}, x_n]$，它们的长度依次为$\Delta x_1=x_1-x_0$，$\cdots$，$\Delta x_i=x_i-x_{i-1}$，$\cdots$，$\Delta x_n=x_n-x_{n-1}$.

在每个小区间 $[x_{i-1}, x_i]$ 上任取一点 ξ_i，作函数值 $f(\xi_i)$ 与小区间长度 Δx_i 的乘积 $f(\xi_i)\Delta x_i(i=1, 2, \cdots, n)$，并作出和 $\sum\limits_{i=1}^{n} f(\xi_i)\Delta x_i$.

记 $\lambda = \max\{\Delta x_1, \Delta x_2, \cdots, \Delta x_i, \cdots, \Delta x_n\}$. 若不论对 $[a, b]$ 怎样分法，也不论在小区间 $[x_{i-1}, x_i]$ 上点 ξ_i 怎样取法，极限 $\lim\limits_{\lambda \to 0} \sum\limits_{i=1}^{n} f(\xi_i)\Delta x_i$ 存在，则称 $f(x)$ 在区间 $[a, b]$ 上可积，并称这个极限为函数 $f(x)$ 在区间 $[a, b]$ 上的**定积分**，记作 $\int_a^b f(x)\mathrm{d}x$，即

$$\int_a^b f(x)\mathrm{d}x = \lim_{\lambda \to 0} \sum_{i=1}^{n} f(\xi_i)\Delta x_i. \tag{4-1}$$

其中，$f(x)$ 称为被积函数，$f(x)\mathrm{d}x$ 称为被积表达式，x 称为积分变量，a 称为积分下限，b 称为积分上限，$[a, b]$ 称为积分区间.

根据定积分的定义，曲边梯形的面积为 $A = \int_a^b f(x)\mathrm{d}x$，变速直线运动的路程为 $s = \int_{T_1}^{T_2} v(t)\mathrm{d}t$.

关于定积分的定义，有以下两点说明：

一是定积分 $\int_a^b f(x)\mathrm{d}x$ 的结果为一常数，它只与被积函数及积分区间有关，而与积分变量的字母无关，即 $\int_a^b f(x)\mathrm{d}x = \int_a^b f(t)\mathrm{d}t = \int_a^b f(u)\mathrm{d}u$.

二是为了计算方便，补充规定：

(1) $\int_a^a f(x)\mathrm{d}x = 0$；

(2) $\int_a^b f(x)\mathrm{d}x = -\int_b^a f(x)\mathrm{d}x$；

(3) $f(x)$ 在区间 $[a, b]$ 上可积的充分条件是函数 $f(x)$ 在区间 $[a, b]$ 上连续或只有有限个第一类间断点.

4.1.2 定积分的几何意义

当 $f(x) \geqslant 0$ 时，定积分 $\int_a^b f(x)\mathrm{d}x$ 在几何上表示曲线 $y = f(x)$ 在区间 $[a, b]$ 上方的曲边梯形的面积，即 $A = \int_a^b f(x)\mathrm{d}x$(图 4-3).

当 $f(x) \leqslant 0$ 时，定积分 $\int_a^b f(x)\mathrm{d}x$ 表示曲线 $y = f(x)$ 在区间 $[a, b]$ 下方的曲边梯形的面积的负值，即 $A = -\int_a^b f(x)\mathrm{d}x$(图 4-4).

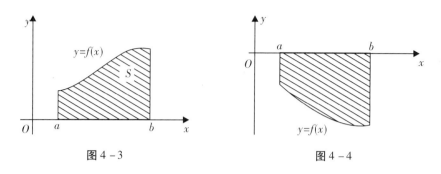

图 4 - 3   图 4 - 4

当 $f(x)$ 在区间 $[a, b]$ 上有正有负时，定积分 $\int_a^b f(x)\,\mathrm{d}x$ 表示曲线 $y=f(x)$ 位于 x 轴上方的图形面积之和减去下方的图形面积之和，即 $\int_a^b f(x)\,\mathrm{d}x = A_1 - A_2 + A_3$ (图 4 - 5).

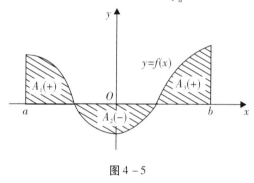

图 4 - 5

4.1.3　定积分的性质

在下面的讨论中，假设被积函数都可积.

性质 4.1　函数代数和的定积分等于它们各自定积分的代数和，即
$$\int_a^b \left[\, f(x) \pm g(x) \,\right]\mathrm{d}x = \int_a^b f(x)\,\mathrm{d}x \pm \int_a^b g(x)\,\mathrm{d}x.$$

性质 4.2　被积函数的常数因子可提到积分号外，即
$$\int_a^b kf(x)\,\mathrm{d}x = k\int_a^b f(x)\,\mathrm{d}x.$$

性质 4.3　不论 a，b，c 的相对位置如何，总有
$$\int_a^b f(x)\,\mathrm{d}x = \int_a^c f(x)\,\mathrm{d}x + \int_c^b f(x)\,\mathrm{d}x.$$

性质 4.4　若在区间 $[a, b]$ 上 $f(x)=k$，则 $\int_a^b k\mathrm{d}x = k(b-a)$.

当 $k=1$ 时，有 $\int_a^b \mathrm{d}x = b-a$.

性质 4.5　若在区间 $[a, b]$ 上 $f(x) \leqslant g(x)$，则 $\int_a^b f(x)\,\mathrm{d}x \leqslant \int_a^b g(x)\,\mathrm{d}x$.

若在区间 $[a, b]$ 上 $f(x) \geqslant 0$，则 $\int_a^b f(x)\,\mathrm{d}x \geqslant 0$.

性质 4.1 到性质 4.5 均可由定积分的定义证得，这里证明从略.

性质 4.6 设 M 及 m 分别是函数 $f(x)$ 在区间 $[a, b]$ 上的最大值及最小值，则

$$m(b-a) \leqslant \int_a^b f(x)\mathrm{d}x \leqslant M(b-a).$$

证明 $m \leqslant f(x) \leqslant M$，由性质 4.5，得 $\int_a^b m\mathrm{d}x \leqslant \int_a^b f(x)\mathrm{d}x \leqslant \int_a^b M\mathrm{d}x.$

又由性质 4.3，有 $m(b-a) \leqslant \int_a^b f(x)\mathrm{d}x \leqslant M(b-a).$

性质 4.7（积分中值定理） 若函数 $f(x)$ 在区间 $[a, b]$ 上连续，则在区间 $[a, b]$ 上至少存在一个点 ξ，使 $\int_a^b f(x)\mathrm{d}x = f(\xi)(b-a).$

证明 设 $m \leqslant f(x) \leqslant M$，由性质 4.6 可得 $m(b-a) \leqslant \int_a^b f(x)\mathrm{d}x \leqslant M(b-a)$，即

$$m \leqslant \frac{1}{b-a}\int_a^b f(x)\mathrm{d}x \leqslant M.$$

再由连续函数的介值定理可知，在区间 $[a, b]$ 上至少存在一个点 ξ，使 $f(\xi) = \frac{1}{b-a}\int_a^b f(x)\mathrm{d}x$ 成立，即

$$\int_a^b f(x)\mathrm{d}x = f(\xi)(b-a).$$

例 4.1 比较下列各组积分的大小.

(1) $\int_0^1 \sqrt{x}\mathrm{d}x$，$\int_0^1 x^2\mathrm{d}x$；　　(2) $\int_0^{\frac{\pi}{2}} \sin x\mathrm{d}x$，$\int_{\frac{\pi}{2}}^{\pi} \sin 2x\mathrm{d}x.$

解 (1) 因为当 $x \in [0, 1]$ 时，$\sqrt{x} \geqslant x^2$，所以由性质 4.5 可得 $\int_0^1 \sqrt{x}\mathrm{d}x \geqslant \int_0^1 x^2\mathrm{d}x.$

(2) 因为当 $x \in \left[0, \frac{\pi}{2}\right]$ 时 $\sin x \geqslant 0$，当 $x \in \left[\frac{\pi}{2}, \pi\right]$ 时 $\sin 2x \leqslant 0$，所以由性质 4.5 可得 $\int_0^{\frac{\pi}{2}} \sin x\mathrm{d}x \geqslant 0$，$\int_{\frac{\pi}{2}}^{\pi} \sin 2x\mathrm{d}x \leqslant 0.$

因此，$\int_0^{\frac{\pi}{2}} \sin x\mathrm{d}x \geqslant \int_{\frac{\pi}{2}}^{\pi} \sin 2x\mathrm{d}x.$

例 4.2 估计定积分 $\int_{-1}^2 (4-x^2)\mathrm{d}x$ 的范围.

解 因为当 $x \in [-1, 2]$ 时，$0 \leqslant 4-x^2 \leqslant 4$，所以由性质 4.6 可得 $0 \leqslant \int_{-1}^2 (4-x^2)\mathrm{d}x \leqslant 12.$

习题 4.1

1. 试用定积分表示由曲线 $y = x^2+1$，直线 $x = -1$，$x = 2$ 和 x 轴所围成的曲边梯形的面积 A.

2. 不计算定积分，比较下列各组积分的大小.

（1）$\int_0^1 x^2 dx$，$\int_0^1 x^3 dx$；　　　　　　（2）$\int_e^4 \ln x dx$，$\int_e^4 (\ln x)^2 dx$；

（3）$\int_{-\frac{\pi}{2}}^0 \sin x dx$，$\int_0^{\frac{\pi}{2}} \sin x dx$；　　　（4）$\int_0^2 3x dx$，$\int_0^3 3x dx$.

3. 估计下列定积分值的范围.

（1）$\int_0^4 (x^2 + 1) dx$；　　　　　　　（2）$\int_0^{\frac{\pi}{2}} \sin x dx$.

4.2　牛顿 - 莱布尼茨公式

设物体从某定点开始做变速直线运动，在 t 时刻所经过的路程为 $s = s(t)$，速度为 $v = v(t) = s'(t)$，则在时间间隔 $[T_1, T_2]$ 内物体所经过的路程 s 可表示为 $s(T_2) - s(T_1)$ 或 $\int_{T_1}^{T_2} v(t) dt$，即

$$\int_{T_1}^{T_2} v(t) dt = s(T_2) - s(T_1). \qquad (4-2)$$

式（4-2）表明，速度函数 $v(t)$ 在区间 $[T_1, T_2]$ 上的定积分等于 $v(t)$ 的一个原函数 $s(t)$ 在区间 $[T_1, T_2]$ 上的增量.

将式（4-2）的结果应用到一般的函数，得到用原函数计算定积分的公式.

定理 4.1　若函数 $F(x)$ 是连续函数 $f(x)$ 在区间 $[a, b]$ 上的一个原函数，则

$$\int_a^b f(x) dx = F(b) - F(a). \qquad (4-3)$$

式（4-3）称为**牛顿 - 莱布尼茨公式**，也称为微积分基本公式（定理证明从略）.

为了方便起见，可把 $F(b) - F(a)$ 记成 $[F(x)]_a^b$，于是

$$\int_a^b f(x) dx = [F(x)]_a^b = F(b) - F(a).$$

牛顿 - 莱布尼茨公式揭示了定积分与原函数之间的联系. 它表明，一个连续函数在某一区间上的定积分等于它的任一个原函数在该区间上的增量，它为定积分计算提供了一个简便的方法.

例 4.3　计算 $\int_0^1 x^2 dx$.

解　因为 $\frac{1}{3}x^3$ 是 x^2 的一个原函数，所以

$$\int_0^1 x^2 dx = \left[\frac{1}{3}x^3\right]_0^1 = \frac{1}{3} \cdot 1^3 - \frac{1}{3} \cdot 0^3 = \frac{1}{3}.$$

例 4.4　计算 $\int_{-1}^{\sqrt{3}} \frac{dx}{1 + x^2}$.

解　因为 $\arctan x$ 是 $\frac{1}{1 + x^2}$ 的一个原函数，所以

$$\int_{-1}^{\sqrt{3}} \frac{\mathrm{d}x}{1+x^2} = \left[\,\arctan x\,\right]_{-1}^{\sqrt{3}} = \arctan\sqrt{3} - \arctan(-1) = \frac{\pi}{3} - \left(-\frac{\pi}{4}\right) = \frac{7}{12}\pi.$$

例 4.5　计算 $\displaystyle\int_{-2}^{-1} \frac{1}{x}\,\mathrm{d}x.$

解　$\displaystyle\int_{-2}^{-1} \frac{1}{x}\,\mathrm{d}x = \left[\,\ln|x|\,\right]_{-2}^{-1} = \ln 1 - \ln 2 = -\ln 2.$

例 4.6　计算 $\displaystyle\int_{0}^{\pi} \cos^2 \frac{x}{2}\,\mathrm{d}x.$

解　$\displaystyle\int_{0}^{\pi} \cos^2 \frac{x}{2}\,\mathrm{d}x = \int_{0}^{\pi} \frac{1+\cos x}{2}\,\mathrm{d}x$

$$= \frac{1}{2}\int_{0}^{\pi} (1+\cos x)\,\mathrm{d}x = \frac{1}{2}\left(\int_{0}^{\pi} \mathrm{d}x + \int_{0}^{\pi} \cos x\,\mathrm{d}x\right)$$

$$= \frac{1}{2}\left[\,x\,\right]_{0}^{\pi} + \frac{1}{2}\left[\,\sin x\,\right]_{0}^{\pi} = \frac{\pi}{2}.$$

例 4.7　计算 $\displaystyle\int_{-1}^{3} \sqrt{4-4x+x^2}\,\mathrm{d}x.$

解　$\displaystyle\int_{-1}^{3} \sqrt{4-4x+x^2}\,\mathrm{d}x = \int_{-1}^{3} |2-x|\,\mathrm{d}x$

$$= \int_{-1}^{2} (2-x)\,\mathrm{d}x + \int_{2}^{3} (x-2)\,\mathrm{d}x$$

$$= \left[\,2x - \frac{x^2}{2}\,\right]_{-1}^{2} + \left[\,\frac{x^2}{2} - 2x\,\right]_{2}^{3} = 5.$$

例 4.8　汽车从开始刹车到停车所需的时间为 2 s，刹车后 t 时刻的速度（单位：m/s）为 $v(t) = 10 - 5t$. 问：从开始刹车到停车，汽车走了多少距离？

解　从开始刹车到停车汽车所走过的距离为

$$s = \int_{0}^{2} v(t)\,\mathrm{d}t = \int_{0}^{2} (10 - 5t)\,\mathrm{d}t = \left[\,10t - 5 \cdot \frac{1}{2}t^2\,\right]_{0}^{2} = 10(\mathrm{m}).$$

即在刹车后，汽车需走过 10 m 才能停住.

习题 4.2

1. 计算下列定积分.

(1) $\displaystyle\int_{0}^{1} (3x^2 - x + 1)\,\mathrm{d}x;$

(2) $\displaystyle\int_{0}^{\pi} \sin^2 \frac{x}{2}\,\mathrm{d}x;$

(3) $\displaystyle\int_{0}^{\frac{\pi}{3}} \frac{\sin 2x}{\cos x}\,\mathrm{d}x;$

(4) $\displaystyle\int_{9}^{16} \frac{x+1}{\sqrt{x}}\,\mathrm{d}x;$

(5) $\displaystyle\int_{0}^{1} 3^x \mathrm{e}^x\,\mathrm{d}x;$

(6) $\displaystyle\int_{-3}^{3} |x-1|\,\mathrm{d}x.$

2. 设 $f(x) = \begin{cases} x, & x \geq 0, \\ 1, & x < 0, \end{cases}$ 计算 $\displaystyle\int_{-1}^{2} f(x)\,\mathrm{d}x.$

4.3 定积分换元法

设函数 $f(x)$ 在区间 $[a, b]$ 上连续，函数 $x = \varphi(t)$ 在 $[\alpha, \beta]$ 上单调且有连续不为零的导数 $\varphi'(t)$，又 $\varphi(\alpha) = a$，$\varphi(\beta) = b$，则

$$\int_a^b f(x) \, dx = \int_\alpha^\beta f(\varphi(t)) \varphi'(t) \, dt. \tag{4-4}$$

式 $(4-4)$ 叫作定积分的换元公式.

例4.9 计算 $\displaystyle\int_0^1 \frac{1}{4+5x} \, dx$.

解 $\displaystyle\int_0^1 \frac{1}{4+5x} \, dx = \frac{1}{5} \int_0^1 \frac{1}{4+5x} \, d(4+5x)$

$$= \frac{1}{5} \left[\ln|4+5x| \right]_0^1 = \frac{1}{5} (\ln 9 - \ln 4) = \frac{2}{5} \ln \frac{3}{2}.$$

例4.9 的解法利用了第一类换元法，由于未引入新的变量，因此积分限不需改变.

例4.10 计算 $\displaystyle\int_0^{\frac{\pi}{2}} \cos^5 x \sin x \, dx$.

解 $\displaystyle\int_0^{\frac{\pi}{2}} \cos^5 x \sin x \, dx = -\int_0^{\frac{\pi}{2}} \cos^5 x \, d\cos x$

$$= -\left[\frac{1}{6} \cos^6 x \right]_0^{\frac{\pi}{2}} = -\frac{1}{6} \cos^6 \frac{\pi}{2} + \frac{1}{6} \cos^6 0 = \frac{1}{6}.$$

例4.11 计算 $\displaystyle\int_0^4 \frac{1}{1+\sqrt{x}} \, dx$.

解 令 $\sqrt{x} = t$，则 $x = t^2$，$dx = 2t \, dt$. 当 $x = 0$ 时，$t = 0$；当 $x = 4$ 时，$t = 2$. 于是

$$\int_0^4 \frac{1}{1+\sqrt{x}} \, dx = 2\int_0^2 \frac{t}{1+t} \, dt = 2\int_0^2 \frac{1+t-1}{1+t} \, dt$$

$$= 2\left[t - \ln|1+t| \right]_0^2 = 2[2 - \ln 3] = 4 - 2\ln 3.$$

例4.11 的解法利用了第二类换元法，由于引入了新的变量，因此积分限必须换成新积分变量对应的积分限.

例4.12 设 $f(x)$ 在对称区间 $[-a, a]$ 上连续，证明：

(1) 当 $f(x)$ 为偶函数时，$\displaystyle\int_{-a}^a f(x) \, dx = 2\int_0^a f(x) \, dx$；

(2) 当 $f(x)$ 为奇函数时，$\displaystyle\int_{-a}^a f(x) \, dx = 0$.

证明 $\displaystyle\int_{-a}^a f(x) \, dx = \int_{-a}^0 f(x) \, dx + \int_0^a f(x) \, dx$.

令 $x = -t$，则 $dx = -dt$. 当 $x = 0$ 时，$t = 0$；当 $x = -a$ 时，$t = a$. 于是

$$\int_{-a}^{0} f(x)\,\mathrm{d}x = -\int_{a}^{0} f(-t)\,\mathrm{d}t = \int_{0}^{a} f(-t)\,\mathrm{d}t = \int_{0}^{a} f(-x)\,\mathrm{d}x.$$

（1）当 $f(x)$ 为偶函数时，$f(-x) = f(x)$，所以

$$\int_{-a}^{a} f(x)\,\mathrm{d}x = \int_{0}^{a} f(-x)\,\mathrm{d}x + \int_{0}^{a} f(x)\,\mathrm{d}x = 2\int_{0}^{a} f(x)\,\mathrm{d}x.$$

（2）当 $f(x)$ 为奇函数时，$f(-x) = -f(x)$，所以

$$\int_{-a}^{a} f(x)\,\mathrm{d}x = \int_{0}^{a} f(-x)\,\mathrm{d}x + \int_{0}^{a} f(x)\,\mathrm{d}x = -\int_{0}^{a} f(x)\,\mathrm{d}x + \int_{0}^{a} f(x)\,\mathrm{d}x = 0.$$

例 4.12 的结论常用来计算奇函数、偶函数在对称区间上的定积分，这将给运算带来方便.

例 4.13 计算 $\displaystyle\int_{-\frac{1}{2}}^{\frac{1}{2}} \frac{1+x^3}{\sqrt{1-x^2}}\,\mathrm{d}x$.

解 $\displaystyle\int_{-\frac{1}{2}}^{\frac{1}{2}} \frac{1+x^3}{\sqrt{1-x^2}}\,\mathrm{d}x = \int_{-\frac{1}{2}}^{\frac{1}{2}} \frac{1}{\sqrt{1-x^2}}\,\mathrm{d}x + \int_{-\frac{1}{2}}^{\frac{1}{2}} \frac{x^3}{\sqrt{1-x^2}}\,\mathrm{d}x.$

因为 $\dfrac{1}{\sqrt{1-x^2}}$ 为偶函数，$\dfrac{x^3}{\sqrt{1-x^2}}$ 为奇函数，所以

$$\int_{-\frac{1}{2}}^{\frac{1}{2}} \frac{1+x^3}{\sqrt{1-x^2}}\,\mathrm{d}x = 2\int_{0}^{\frac{1}{2}} \frac{1}{\sqrt{1-x^2}}\,\mathrm{d}x = 2\left[\arcsin x\right]_{0}^{\frac{1}{2}} = \frac{\pi}{3}.$$

习题 4.3

1. 计算下列定积分.

（1）$\displaystyle\int_{-1}^{1} \frac{1}{\sqrt{5-4x}}\,\mathrm{d}x$； （2）$\displaystyle\int_{0}^{\sqrt{\pi}} x\cos(\pi + x^2)\,\mathrm{d}x$；

（3）$\displaystyle\int_{1}^{e} \frac{1+\ln x}{x}\,\mathrm{d}x$； （4）$\displaystyle\int_{1}^{2} \frac{1}{x^2}\mathrm{e}^{\frac{1}{x}}\,\mathrm{d}x$；

（5）$\displaystyle\int_{1}^{4} \frac{\sin\sqrt{x}}{\sqrt{x}}\,\mathrm{d}x$； （6）$\displaystyle\int_{1}^{8} \frac{1}{\sqrt[3]{x}+x}\,\mathrm{d}x$.

2. 利用函数的奇偶性计算下列定积分.

（1）$\displaystyle\int_{-\frac{\pi}{2}}^{\frac{\pi}{2}} \cos x\,\mathrm{d}x$； （2）$\displaystyle\int_{-1}^{1} (1 + x + x^2)\,\mathrm{d}x$；

（3）$\displaystyle\int_{-\pi}^{\pi} x^4 \sin x\,\mathrm{d}x$； （4）$\displaystyle\int_{-1}^{1} x^2(1 + \sin x)\,\mathrm{d}x$.

4.4 定积分分部积分法

设函数 $u = u(x)$ 及 $v = v(x)$ 在 $[a, b]$ 上具有连续导数，则 $(uv)' = u'v + uv'$，移项得

$uv' = (uv)' - u'v$. 等式两端在区间 $[a, b]$ 上求定积分得

$$\int_a^b uv'dx = [uv]_a^b - \int_a^b u'vdx \text{ 或 } \int_a^b udv = [uv]_a^b - \int_a^b vdu. \qquad (4-5)$$

这就是定积分的分部积分公式.

例 4.14 计算 $\int_0^1 te^t dt$.

解 原式 $= \int_0^1 tde^t = [te^t]_0^1 - \int_0^1 e^t dt = e - [e^t]_0^1 = e - (e-1) = 1$.

习题 4.4

计算下列定积分.

(1) $\int_0^{\frac{\pi}{2}} x\cos xdx$;   (2) $\int_1^e x^2\ln xdx$;   (3) $\int_1^4 \frac{\ln x}{\sqrt{x}}dx$.

4.5 广义积分

在实际应用中, 常常会遇到积分区间为无穷区间, 或被积函数为无界函数的情况. 本节把定积分的概念加以推广, 只介绍积分区间为无穷区间的广义积分的定义和计算.

定义 4.2 设函数 $f(x)$ 在区间 $[a, +\infty)$ 上连续, 取 $b > a$. 若极限 $\lim\limits_{b \to +\infty} \int_a^b f(x)dx$ 存在, 则称此极限为函数 $f(x)$ 在无穷区间 $[a, +\infty)$ 上的**广义积分**, 记作 $\int_a^{+\infty} f(x)dx$, 即

$$\int_a^{+\infty} f(x)dx = \lim_{b \to +\infty} \int_a^b f(x)dx, \qquad (4-6)$$

这时也称广义积分 $\int_a^{+\infty} f(x)dx$ 收敛.

如果上述极限不存在, 那么函数 $f(x)$ 在无穷区间 $[a, +\infty)$ 上的广义积分 $\int_a^{+\infty} f(x)dx$ 就没有意义, 此时称广义积分 $\int_a^{+\infty} f(x)dx$ 发散.

类似地, 设函数 $f(x)$ 在区间 $(-\infty, b]$ 上连续, 若极限 $\lim\limits_{a \to -\infty} \int_a^b f(x)dx (b > a)$ 存在, 则称此极限为函数 $f(x)$ 在无穷区间 $(-\infty, b]$ 上的广义积分, 记作 $\int_{-\infty}^b f(x)dx$, 即

$$\int_{-\infty}^b f(x)dx = \lim_{a \to -\infty} \int_a^b f(x)dx, \qquad (4-7)$$

这时也称广义积分 $\int_{-\infty}^b f(x)dx$ 收敛.

若上述极限不存在, 则称广义积分 $\int_{-\infty}^b f(x)dx$ 发散.

设函数 $f(x)$ 在区间 $(-\infty, +\infty)$ 上连续,若广义积分 $\int_{-\infty}^{c} f(x)\mathrm{d}x$ 和 $\int_{c}^{+\infty} f(x)\mathrm{d}x[c \in (-\infty, +\infty)]$ 都收敛,则称上述两个广义积分的和为函数 $f(x)$ 在无穷区间 $(-\infty, +\infty)$ 上的广义积分,记作 $\int_{-\infty}^{+\infty} f(x)\mathrm{d}x$,即

$$\int_{-\infty}^{+\infty} f(x)\mathrm{d}x = \int_{-\infty}^{c} f(x)\mathrm{d}x + \int_{c}^{+\infty} f(x)\mathrm{d}x$$
$$= \lim_{a \to -\infty} \int_{a}^{c} f(x)\mathrm{d}x + \lim_{b \to +\infty} \int_{c}^{b} f(x)\mathrm{d}x, \quad c \in (-\infty, +\infty), \tag{4-8}$$

这时也称广义积分 $\int_{-\infty}^{+\infty} f(x)\mathrm{d}x$ 收敛.

若上式右端有一个广义积分发散,则称广义积分 $\int_{-\infty}^{+\infty} f(x)\mathrm{d}x$ 发散.

广义积分的计算:若 $F(x)$ 是 $f(x)$ 的一个原函数,则

$$\int_{a}^{+\infty} f(x)\mathrm{d}x = \lim_{b \to +\infty} \int_{a}^{b} f(x)\mathrm{d}x = \lim_{b \to +\infty} \left[F(x) \right]_{a}^{b} = \lim_{b \to +\infty} F(b) - F(a).$$

可采用如下简记形式:

$$\int_{a}^{+\infty} f(x)\mathrm{d}x = \left[F(x) \right]_{a}^{+\infty} = \lim_{x \to +\infty} F(x) - F(a).$$

类似地,有

$$\int_{-\infty}^{b} f(x)\mathrm{d}x = \left[F(x) \right]_{-\infty}^{b} = F(b) - \lim_{x \to -\infty} F(x),$$

$$\int_{-\infty}^{+\infty} f(x)\mathrm{d}x = \left[F(x) \right]_{-\infty}^{+\infty} = \lim_{x \to +\infty} F(x) - \lim_{x \to -\infty} F(x).$$

例 4.15 计算广义积分 $\int_{1}^{+\infty} \dfrac{\ln x}{x} \mathrm{d}x$.

解 因为 $\int_{1}^{+\infty} \dfrac{\ln x}{x} \mathrm{d}x = \int_{1}^{+\infty} \ln x \mathrm{d}\ln x = \dfrac{1}{2}\left[\ln^2 x \right]_{1}^{+\infty} = +\infty$,

所以广义积分 $\int_{1}^{+\infty} \dfrac{\ln x}{x} \mathrm{d}x$ 发散.

例 4.16 计算广义积分 $\int_{-\infty}^{0} \mathrm{e}^x \mathrm{d}x$.

解 $\int_{-\infty}^{0} \mathrm{e}^x \mathrm{d}x = \left[\mathrm{e}^x \right]_{-\infty}^{0} = \mathrm{e}^0 - \lim_{x \to -\infty} \mathrm{e}^x = 1 - 0 = 1.$

例 4.17 讨论广义积分 $\int_{1}^{+\infty} \dfrac{1}{x^p} \mathrm{d}x$ 的敛散性.

解 当 $p = 1$ 时,$\int_{1}^{+\infty} \dfrac{1}{x^p} \mathrm{d}x = \int_{1}^{+\infty} \dfrac{1}{x} \mathrm{d}x = \left[\ln x \right]_{1}^{+\infty} = \lim_{x \to +\infty} \ln x - \ln 1 = +\infty$;

当 $p < 1$ 时,$\int_{1}^{+\infty} \dfrac{1}{x^p} \mathrm{d}x = \left[\dfrac{1}{1-p} x^{1-p} \right]_{1}^{+\infty} = \dfrac{1}{1-p}\left(\lim_{x \to +\infty} x^{1-p} - 1 \right) = +\infty$;

当 $p > 1$ 时,$\int_{1}^{+\infty} \dfrac{1}{x^p} \mathrm{d}x = \left[\dfrac{1}{1-p} x^{1-p} \right]_{1}^{+\infty} = \dfrac{1}{1-p}\left(\lim_{x \to +\infty} x^{1-p} - 1 \right) = \dfrac{1}{p-1}$.

因此，当 $p > 1$ 时，此广义积分收敛，其值为 $\dfrac{1}{p-1}$；当 $p \leqslant 1$ 时，此广义积分发散.

习题 4.5

计算下列无穷区间上的广义积分.

（1）$\displaystyle\int_1^{+\infty} \frac{1}{x^4}\,\mathrm{d}x$；

（2）$\displaystyle\int_0^{+\infty} \frac{x^2-1}{x^2+1}\,\mathrm{d}x$；

（3）$\displaystyle\int_0^{+\infty} x\mathrm{e}^{-x^2}\,\mathrm{d}x$；

（4）$\displaystyle\int_{-\infty}^0 \frac{2x}{1+x^2}\,\mathrm{d}x$；

（5）$\displaystyle\int_e^{+\infty} \frac{1}{x\ln x}\,\mathrm{d}x$；

（6）$\displaystyle\int_{-\infty}^0 x\mathrm{e}^x\,\mathrm{d}x$；

（7）$\displaystyle\int_{\frac{2}{\pi}}^{+\infty} \frac{1}{x^2}\sin\frac{1}{x}\,\mathrm{d}x$；

（8）$\displaystyle\int_{-\infty}^{+\infty} \frac{1}{x^2+2x+2}\,\mathrm{d}x$.

4.6 定积分的应用

本节将引入定积分的微元法，并利用定积分的知识解决几何中一些实际应用问题.

4.6.1 定积分微元法

在 4.1 节，我们讨论了曲边梯形的面积. 由直线 $x=a$，$x=b$，$y=0$ 及曲线 $y=f(x)$ $[f(x)\geqslant 0]$ 所围成的曲边梯形的面积 A(图 $4-6$)可用定积分表示为

$$A = \int_a^b f(x)\,\mathrm{d}x.$$

微分 $\mathrm{d}A = f(x)\,\mathrm{d}x$ 表示点 x 处以 $\mathrm{d}x$ 为宽的小曲边梯形面积的近似值，$f(x)\,\mathrm{d}x$ 称为曲边梯形的面积元素.

以 $[a,b]$ 为底的曲边梯形的面积 A 就是以面积元素 $f(x)\,\mathrm{d}x$ 为被积表达式，以 $[a,b]$ 为积分区间的定积分

$$A = \int_a^b f(x)\,\mathrm{d}x.$$

一般情况下，为求某一量 F，先将此量分布在某一区间 $[a,b]$ 上，再求此量的微元素 $\mathrm{d}F$. 设 $\mathrm{d}F = f(x)\,\mathrm{d}x$，然后以 $f(x)\,\mathrm{d}x$ 为被积表达式，以 $[a,b]$ 为积分区间求定积分即得 $F = \int_a^b f(x)\,\mathrm{d}x$.

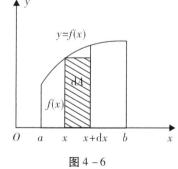

图 $4-6$

用这一方法求某一量的值的方法称为**微元法**(或元素法).

4.6.2 定积分在几何上的应用

4.6.2.1 求平面图形的面积

求由上下两条曲线 $y=f_上(x)$ 与 $y=f_下(x)$ 及左右两条直线 $x=a$ 与 $x=b$ 所围成的平面图形(图 4 – 7)的面积的方法如下:

取横坐标 x 为积分变量,在区间 $[a, b]$ 上任取一子区间 $[x, x+\mathrm{d}x]$,在其上的小曲边梯形可近似看成高为 y,底为 $\mathrm{d}x$ 的小矩形,则面积元素为

$$\mathrm{d}A = [\, f_上(x) - f_下(x)\,]\mathrm{d}x,$$

于是平面图形的面积为

$$A = \int_a^b [\, f_上(x) - f_下(x)\,]\mathrm{d}x.$$

类似地,由左右两条曲线 $x=\varphi_左(y)$ 与 $x=\varphi_右(y)$ 及上下两条直线 $y=d$ 与 $y=c$ 所围成的平面图形(图 4 – 8)面积为

$$A = \int_c^d [\, \varphi_右(y) - \varphi_左(y)\,]\mathrm{d}y.$$

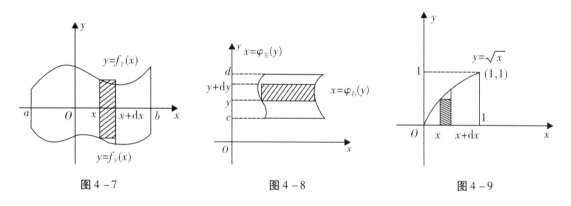

图 4 – 7 　　　　　　　图 4 – 8 　　　　　　　图 4 – 9

例 4.18 计算曲线 $y=\sqrt{x}$ 与直线 $x=1$ 及 x 轴所围成的图形的面积.

解 画图,取 x 为积分变量(图 4 – 9).

确定积分区间:$[0, 1]$.

求面积元素:$\mathrm{d}A = \sqrt{x}\mathrm{d}x$.

计算积分:

$$A = \int_0^1 \sqrt{x}\mathrm{d}x = \left[\frac{2}{3}x^{\frac{3}{2}}\right]_0^1 = \frac{2}{3}.$$

例 4.19 计算抛物线 $y^2=x$ 与 $y=x^2$ 所围成的图形的面积.

解 画图,取 x 为积分变量(图 4 – 10).

确定积分区间:解方程组 $\begin{cases} y^2=x, \\ y=x^2, \end{cases}$ 得积分区间为 $[0, 1]$.

确定上下曲线:$f_上(x)=\sqrt{x}, f_下(x)=x^2$.

求面积元素：$\mathrm{d}A = (\sqrt{x} - x^2)\,\mathrm{d}x$.

计算积分：

$$A = \int_0^1 (\sqrt{x} - x^2)\,\mathrm{d}x = \left[\frac{2}{3}x^{\frac{3}{2}} - \frac{1}{3}x^3 \right]_0^1 = \frac{1}{3}.$$

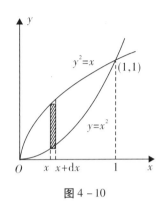 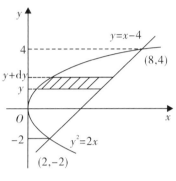

图 4 - 10   图 4 - 11

例 4.20 计算抛物线 $y^2 = 2x$ 与直线 $y = x - 4$ 所围成的图形的面积.

解 画图，取 y 为积分变量(图 4 - 11).

确定积分区间：解方程组 $\begin{cases} y^2 = 2x, \\ y = x - 4, \end{cases}$ 得积分区间为 $[-2,\ 4]$.

确定左右曲线：$\varphi_{左}(y) = \dfrac{1}{2}y^2$，$\varphi_{右}(y) = y + 4$.

求面积元素：$\mathrm{d}A = \left(y + 4 - \dfrac{1}{2}y^2 \right)\mathrm{d}y$.

计算积分：

$$A = \int_{-2}^4 \left(y + 4 - \frac{1}{2}y^2 \right)\mathrm{d}y = \left[\frac{1}{2}y^2 + 4y - \frac{1}{6}y^3 \right]_{-2}^4 = 18.$$

4.6.2.2 求旋转体的体积

旋转体就是由一个平面图形绕这平面内一条直线旋转一周而成的立体. 这条直线叫作旋转轴. 常见的旋转体有圆柱、圆锥、圆台、球体.

求由连续曲线 $y = f(x)$，直线 $x = a$，$x = b$ 及 x 轴所围成的曲边梯形绕 x 轴旋转一周而成的旋转体(图 4 - 12)的体积的方法如下：

取横坐标 x 为积分变量，在区间 $[a, b]$ 上任取一子区间 $[x, x + \mathrm{d}x]$，在其上的小旋转体可近似看成底面半径为 y，高为 $\mathrm{d}x$ 的小圆柱体，于是体积元素为 $\mathrm{d}V = \pi y^2 \mathrm{d}x = \pi [f(x)]^2 \mathrm{d}x$，则旋转体的体积为

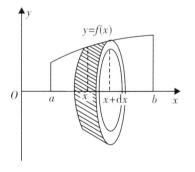

图 4 - 12

$$V = \int_a^b \pi \left[f(x) \right]^2 \mathrm{d}x.$$

例 4.21　计算由直线 $y = \dfrac{r}{h} x$，直线 $x = h$ 及 x 轴围成的直角三角形绕 x 轴旋转而成的圆锥体体积.

解　画图(图 4 - 13)，确定积分区间：$x \in [0, h]$.

求体积元素：$\mathrm{d}V = \pi y^2 \mathrm{d}x = \pi \left(\dfrac{r}{h} x \right)^2 \mathrm{d}x$.

计算积分：所求圆锥体的体积为

$$V = \int_0^h \pi \left(\frac{r}{h} x \right)^2 \mathrm{d}x = \frac{\pi r^2}{h^2} \left[\frac{1}{3} x^3 \right]_0^h = \frac{1}{3} \pi h r^2.$$

例 4.22　计算椭圆 $\dfrac{x^2}{a^2} + \dfrac{y^2}{b^2} = 1$ 绕 x 轴旋转而成的旋转体(旋转椭球体)的体积.

解　这个旋转椭球体也可以看作由半个椭圆 $y = \dfrac{b}{a} \sqrt{a^2 - x^2}$ 及 x 轴围成的图形绕 x 轴旋转而成的立体.

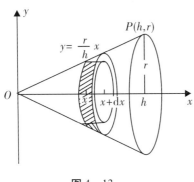

图 4 - 13

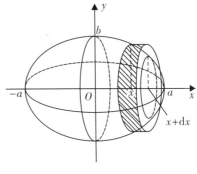

图 4 - 14

画图(图 4 - 14)，确定积分区间：$x \in [-a, a]$.

求体积元素：$\mathrm{d}V = \pi y^2 \mathrm{d}x = \pi \dfrac{b^2}{a^2} \left(a^2 - x^2 \right) \mathrm{d}x$.

计算积分：所求旋转椭球体的体积为

$$V = \int_{-a}^a \pi \frac{b^2}{a^2} \left(a^2 - x^2 \right) \mathrm{d}x = \pi \frac{b^2}{a^2} \left[a^2 x - \frac{1}{3} x^3 \right]_{-a}^a = \frac{4}{3} \pi a b^2.$$

特别地，当 $a = b = r$ 时，得球体的体积公式为 $V = \dfrac{4}{3} \pi r^3$.

用类似的方法，可推得由曲线 $x = \varphi(y)$，直线 $y = c$，$y = d$ 及 y 轴所围成的曲边梯形绕 y 轴旋转一周而成的旋转体(图 4 - 15)的体积为 $V = \displaystyle\int_c^d \pi \left[\varphi(y) \right]^2 \mathrm{d}y$.

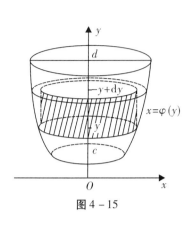

图 4 - 15

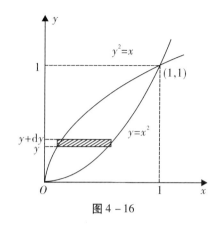

图 4 - 16

例 4.23 计算由抛物线 $y^2 = x$ 与 $y = x^2$ 所围成的图形绕 y 轴旋转而成的旋转体的体积.

解 这个旋转体可以看作由两条抛物线 $y = x^2$ 与 $y^2 = x$ 分别和 $y = 1$ 及 y 轴围成的图形绕 y 轴旋转而成的立体的体积之差(通常情况下只作出平面图).

画图(图 4 - 16),确定积分区间:解方程组 $\begin{cases} y^2 = x, \\ y = x^2, \end{cases}$ 得积分区间为 $y \in [0, 1]$.

求体积元素:$\mathrm{d}V = \pi(y - y^4)\mathrm{d}y$.

计算积分:所求旋转体的体积为

$$V = \int_0^1 \pi(y - y^4)\mathrm{d}y = \pi\left[\frac{1}{2}y^2 - \frac{1}{5}y^5\right]_0^1 = \frac{3}{10}\pi.$$

习题 4.6

1. 求下列各曲线所围成图形的面积.

(1) $y = x^3$ 与直线 $x = 2$ 及 x 轴;

(2) $y = \ln x$ 与直线 $y = \ln 2$,$y = \ln 3$ 及 y 轴;

(3) $y = 3 - 2x - x^2$ 与 x 轴;

(4) $y = \mathrm{e}^x$ 与 $y = \mathrm{e}^{-x}$ 及 $x = 1$;

(5) $y = \dfrac{1}{x}$ 与直线 $y = x$ 及 $x = 2$;

(6) $y = x^2$ 与直线 $y = x$ 及 $y = 2x$;

(7) $y^2 = x + 2$ 与直线 $x - y = 0$.

2. 求下列各曲线所围成的图形绕指定轴旋转所得旋转体的体积.

(1) $y = x^2$ 与直线 $x = 1$ 及 x 轴所围成的图形分别绕 x 轴、y 轴;

(2) $y^2 = 4x$ 与直线 $x = 2$ 所围成的图形绕 x 轴;

(3) $y = \dfrac{1}{x}$ 与 $y = 1$、$y = 2$ 及 y 轴所围成的图形绕 y 轴;

(4) $y = \dfrac{1}{4}x^2(x > 0)$ 与直线 $y = 1$ 及 y 轴所围成的图形分别绕 x 轴、y 轴;

（5）$y = x^2$ 与 $y^2 = 8x$ 所围成的图形分别绕 x 轴、y 轴.

复习题 4

1. 计算下列定积分.

（1）$\displaystyle\int_0^{\frac{\pi}{6}} (2\cos 2x - 1)\,\mathrm{d}x$；　　　　（2）$\displaystyle\int_0^{\frac{\pi}{2}} (1 - \cos x)\sin^2 x\,\mathrm{d}x$；

（3）$\displaystyle\int_0^{16} \frac{1}{\sqrt{x+9} - \sqrt{x}}\,\mathrm{d}x$；　　　（4）$\displaystyle\int_0^{\sqrt{3}} x^5\sqrt{1 + x^2}\,\mathrm{d}x$；

（5）$\displaystyle\int_1^4 \ln\sqrt{x}\,\mathrm{d}x$；　　　　　　（6）$\displaystyle\int_4^9 \frac{\sqrt{x}}{\sqrt{x} - 1}\,\mathrm{d}x$.

2. 计算下列广义积分.

（1）$\displaystyle\int_{-\infty}^{1} \frac{1}{(3-x)^2}\,\mathrm{d}x$；　　　　（2）$\displaystyle\int_3^{+\infty} \frac{1}{\sqrt{x-2}}\,\mathrm{d}x$；

（3）$\displaystyle\int_e^{+\infty} \frac{1}{x\ln^2 x}\,\mathrm{d}x$；　　　　（4）$\displaystyle\int_{-\infty}^{+\infty} \mathrm{e}^{-|x|}\,\mathrm{d}x$.

3. 求下列各曲线所围成图形的面积.
   （1）$y = x^2$ 与 $y = 2 - x^2$；
   （2）$y = 4 - x^2$ 与 x 轴；
   （3）$y = 2x - x^2$ 与直线 $y = -x$；
   （4）$y = x^2$ 与 $y = (x-2)^2$ 及 x 轴.

4. 求下列各曲线所围成的图形绕指定轴旋转所得旋转体的体积.
   （1）$y = x^3$ 与直线 $x = 1$ 及 x 轴所围成的图形分别绕 x 轴、y 轴；
   （2）$y = \ln x$ 与直线 $x = \mathrm{e}$ 及 x 轴所围成的图形绕 x 轴；
   （3）$y = \sin x$ 在区间 $[0, \pi]$ 上与 x 轴所围成的图形绕 x 轴；
   （4）$y = 4 - x^2$ 与 x 轴所围成的图形分别绕 x 轴、y 轴.

第5章　常微分方程

函数是客观事物的内部联系在数量方面的反映，利用函数关系又可以对客观事物的规律性进行研究. 因此，如何寻找出所需要的函数关系，在实践中具有重要意义. 在许多问题中，往往不能直接找出所需要的函数关系，但是根据问题所提供的情况，有时可以列出含有要找的函数及其导数的关系式. 这样的关系就是所谓的微分方程. 微分方程建立以后对它进行研究，找出未知函数，这就是解微分方程. 本章主要介绍微分方程的基本概念及常见微分方程的解法.

5.1　一阶微分方程

5.1.1　微分方程的基本概念

我们通过例题来说明微分方程的基本概念.

例 5.1　已知一曲线上任一点 $P(x, y)$ 处的切线斜率等于 e^x，且该曲线通过点 $(0, 2)$，求该曲线的方程.

解　设所求曲线方程为 $y = f(x)$，由导数的几何意义，得

$$\frac{\mathrm{d}y}{\mathrm{d}x} = e^x. \tag{5-1}$$

同时，$f(x)$ 还应满足下列条件：

$$f(0) = 2 \text{ 或 } y\big|_{x=0} = 2. \tag{5-2}$$

对式（5-1）两边积分，得

$$f(x) = \int e^x \mathrm{d}x = e^x + C \text{ 或 } y = e^x + C, \tag{5-3}$$

其中，C 为任意常数.

将条件式（5-2）代入式（5-3），得 $C = 1$，于是所求曲线方程为

$$y = e^x + 1. \tag{5-4}$$

例 5.2　列车在平直线路上以 20 m/s 的速度行驶，制动时列车获得加速度 -0.4 m/s. 问：开始制动后多长时间列车才能停住？在这段时间内列车行驶了多少

路程？

解　设列车开始制动的时刻为 $t=0$，制动 t s 行驶了 s m 后停止，由导数的力学意义知，列车制动阶段运动规律的函数 $s=s(t)$ 应满足

$$s''(t) = -0.4. \tag{5-5}$$

$s(t)$ 还应满足

$$s(0) = 0, \quad s'(0) = 20. \tag{5-6}$$

将式 (5-5) 两边积分一次，得

$$v = \frac{ds}{dt} = -0.4t + C_1, \tag{5-7}$$

再积分一次，得

$$s = -0.2t^2 + C_1 t + C_2, \tag{5-8}$$

其中，C_1 和 C_2 均为任意常数.

将 $s'(0)=20$ 代入式 (5-7)，得 $C_1=20$.

将条件 $s(0)=0$ 代入式 (5-8)，得 $C_2=0$.

将 C_1 和 C_2 的值代入式 (5-7) 及式 (5-8)，分别得

$$v = -0.4t + 20, \tag{5-9}$$
$$s = -0.2t^2 + 20t. \tag{5-10}$$

在式 (5-9) 中，令 $v=0$，则列车从开始制动到停住所需时间为

$$t = \frac{20}{0.4} = 50(\text{s}).$$

再将 $t=50$ 代入式 (5-10)，得到列车在制动阶段行驶的路程为

$$s = -0.2 \times 50^2 + 20 \times 50 = 500(\text{m}).$$

在例 5.2 中，式 (5-1) 和式 (5-5) 中都含有未知函数的导数，这样的方程称为微分方程. 一般地，有如下定义.

定义 5.1　把含有自变量、自变量的未知函数及未知函数的导数或微分的方程称为**微分方程**. 若微分方程中的未知函数仅含有一个自变量，则称这样的微分方程为**常微分方程**.

微分方程中出现的未知函数各阶导数的最高阶数称为微分方程的阶. 例如，$y'=x$，$xdy+ydx=0$ 是一阶微分方程；$\frac{d^2s}{dt^2}=g$，$y''+2y'+y=\sin x$ 都是二阶微分方程；$y'''+4y''+4y=xe^x$ 是三阶微分方程；等等. 二阶及二阶以上的微分方程称为高阶微分方程.

能够满足微分方程的函数称为微分方程的解. 例如，例 5.1 中的式 (5-3) 和式 (5-4) 是微分方程 (5-1) 的解；例 5.2 中的式 (5-8) 和式 (5-10) 是微分方程 (5-5) 的解.

在介绍微分方程的通解前，先给出独立的任意常数的概念. 含有几个任意常数的表达式，若它们不能合并而使任意常数的个数减少，则称这表达式中的几个任意常数相互独立. 例如，$y=C_1x+C_2x+1$ 与 $y=Cx+1$（C_1，C_2，C 都是任意常数）所表示的函数族是相同的，因此 $y=C_1x+C_2x+1$ 中的任意 C_1 和 C_2 是不独立的；而式 (5-8) $s=-0.2t^2$

$+ C_1 t + C_2$ 中的任意常数 C_1，C_2 是不能合并的，即 C_1 和 C_2 是相互独立的.

如果微分方程的解中所含任意常数相互独立，且个数与方程的阶数相同，这样的解称为微分方程的通解. 不含任意常数的解称为特解.

例如，例 5.2 中的式(5-8)和式(5-10)分别为微分方程(5-5)的通解和特解.

我们用未知函数及其各阶导数在某个特定点的值作为确定通解中任意常数的条件，称为微分方程的初始条件.

例如，例 5.2 中式(5-6)是式(5-5)的初始条件.

一般地，一阶微分方程的初始条件为 $y(x_0) = y_0$ 或写成 $y\mid_{x=x_0} = y_0$，二阶微分方程的初始条件为 $\begin{cases} y(x_0) = y_0 \\ y'(x_0) = y_1 \end{cases}$ 或写成 $\begin{cases} y\mid_{x=x_0} = y_0 \\ \dfrac{dy}{dx}\Big|_{x=x_0} = y_1 \end{cases}$ 其中，x_0，y_0，y_1 为已知数.

求微分方程满足初始条件的特解的问题称为初值问题.

例 5.3 验证函数 $x = C_1 \cos kt + C_2 \sin kt$ 是微分方程 $\dfrac{d^2 x}{dt^2} + k^2 x = 0$ 的解.

解 求所给函数的导数：

$$\frac{dx}{dt} = -kC_1 \sin kt + kC_2 \cos kt,$$

$$\frac{d^2 x}{dt^2} = -k^2 C_1 \cos kt - k^2 C_2 \sin kt = -k^2 (C_1 \cos kt + C_2 \sin kt).$$

将 $\dfrac{d^2 x}{dt^2}$ 及 x 的表达式代入所给微分方程，得

$$左边 = -k^2 (C_1 \cos kt + C_2 \sin kt) + k^2 (C_1 \cos kt + C_2 \sin kt) = 0 = 右边.$$

因此，函数 $x = C_1 \cos kt + C_2 \sin kt$ 是方程 $\dfrac{d^2 x}{dt^2} + k^2 x = 0$ 的解.

一阶微分方程的一般形式为 $F(x, y, y') = 0$. 下面我们讨论几种特殊类型的一阶微分方程及其解法.

5.1.2 分离变量法

若一个一阶微分方程 $F(x, y, y') = 0$ 可化为

$$g(y)dy = f(x)dx \qquad\qquad (5-11)$$

的形式，则该方程称为可分离变量的微分方程.

方程(5-11)的两端同时积分，得

$$\int g(y)dy = \int f(x)dx.$$

设 $G(y)$，$F(x)$ 分别为 $g(y)$，$f(x)$ 的原函数，则方程的通解为 $G(y) = F(x) + C$.

例 5.4 求微分方程 $\dfrac{dy}{dx} = \dfrac{x^2}{y}$ 的通解.

解 这是可分离变量的方程，分离变量，得 $ydy = x^2 dx$.

两边同时积分，得 $\int ydy = \int x^2 dx$，即

$$\frac{1}{2}y^2 = \frac{1}{3}x^3 + C_1, y^2 = \frac{2}{3}x^3 + 2C_1.$$

因为 $2C_1$ 为任意常数，把它记作 C，得方程的通解为 $y^2 = \frac{2}{3}x^3 + C$.

例 5.5　求微分方程 $xy\mathrm{d}y + \mathrm{d}x = y^2\mathrm{d}x + y\mathrm{d}y$ 的通解.

解　方程变形得 $y(x-1)\mathrm{d}y = (y^2-1)\mathrm{d}x$.

分离变量，得 $\dfrac{y}{y^2-1}\mathrm{d}y = \dfrac{1}{x-1}\mathrm{d}x$；两边同时积分，得 $\displaystyle\int \frac{y}{y^2-1}\mathrm{d}y = \int \frac{1}{x-1}\mathrm{d}x$，

即 $\dfrac{1}{2}\ln|y^2-1| = \ln|x-1| + C$，从而 $y^2 - 1 = C(x-1)^2$.

注　上述通解形式的简化过程以后还常常用到，为此约定简化写法如下：

若 $\displaystyle\int \frac{\mathrm{d}Q(y)}{Q(y)} = \int F'(x)\mathrm{d}x$，则 $\ln Q(y) = F(x) + \ln C$，即

$$Q(y) = Ce^{F(x)}\ (C\ 为任意常数).$$

例 5.6　求微分方程 $(1+e^x)yy' = e^x$ 满足初始条件 $y\big|_{x=0} = 1$ 的特解.

解　方程变形后分离变量，得 $y\mathrm{d}y = \dfrac{e^x}{1+e^x}\mathrm{d}x$.

两边同时积分，得方程通解 $\dfrac{1}{2}y^2 = \ln(1+e^x) + C$.

由初始条件 $y\big|_{x=0} = 1$，得 $C = \dfrac{1}{2} - \ln 2$，故所求特解为

$$y^2 = 2\ln(1+e^x) + 1 - 2\ln 2.$$

5.1.3　常数变易法

方程

$$\frac{\mathrm{d}y}{\mathrm{d}x} + P(x)y = Q(x) \tag{5-12}$$

称为一阶线性微分方程. 当 $Q(x)\equiv 0$ 时，方程(5-12)变为

$$\frac{\mathrm{d}y}{\mathrm{d}x} + P(x)y = 0. \tag{5-13}$$

式(5-13)称为一阶齐次线性微分方程. 当 $Q(x)$ 不恒为零时，(5-12)称为一阶非齐次线性微分方程. 通常称式(5-13)为方程(5-12)所对应的一阶齐次线性微分方程.

我们首先讨论如何解微分方程(5-13).

方程(5-13)是可分离变量的方程，分离变量得 $\dfrac{\mathrm{d}y}{y} = -P(x)\mathrm{d}x$，两边同时积分得

$$\int \frac{\mathrm{d}y}{y} = -\int P(x)\mathrm{d}x,$$

$$\ln y = -\int P(x)\mathrm{d}x + \ln C,$$

其中，$\displaystyle\int P(x)\mathrm{d}x$ 表示 $P(x)$ 的一个原函数. 于是一阶齐次线性方程(5-13)的通解为

$$y = Ce^{-\int P(x)dx}, \tag{5-14}$$

其中, C 为任意常数.

下面我们用常数变易法在齐次线性方程的通解(5-14)的基础上来求解非齐次线性方程(5-12)的通解, 即把式(5-14)中的 C 看作关于 x 的函数 $C(x)$.

设

$$y = C(x)e^{-\int P(x)dx} \tag{5-15}$$

是非齐次线性方程(5-12)的解, 将式(5-15)代入式(5-12)来确定待定函数 $C(x)$.

式(5-15)对 x 求导数, 得

$$\frac{dy}{dx} = C'(x)e^{-\int P(x)dx} - C(x)P(x)e^{-\int P(x)dx}. \tag{5-16}$$

将式(5-15)、式(5-16)代入式(5-12), 整理得 $C'(x)e^{-\int P(x)dx} = Q(x)$, 即

$$C'(x) = Q(x)e^{\int P(x)dx}.$$

积分后得

$$C(x) = \int Q(x)e^{\int P(x)dx}dx + C. \tag{5-17}$$

将式(5-17)代入式(5-15), 得

$$y = e^{-\int P(x)dx}\left[\int Q(x)e^{\int P(x)dx}dx + C\right] (C \text{ 为任意常数}), \tag{5-18}$$

这就是非齐次线性方程(5-12)的通解.

将式(5-18)改写为下面形式:

$$y = Ce^{-\int P(x)dx} + e^{-\int P(x)dx}\int Q(x)e^{\int P(x)dx}dx.$$

由上式可以看出, 上式右端第一项恰是对应的齐次线性方程(5-13)的通解, 第二项是方程(5-12)的一个特解. 由此可知, 一阶非齐次线性方程的通解是对应齐次方程的通解与它的一个特解之和.

一般线性非齐次微分方程通解的求解方法, 即常数变易法, 可以归纳如下:

(1)求出对应的齐次方程的通解 $y = Ce^{-\int P(x)dx}$;

(2)设 $y = C(x)e^{-\int P(x)dx}$, 并求 $\frac{dy}{dx}$;

(3)将 y 及 y' 代入非齐次方程得 $C'(x) = Q(x)e^{\int P(x)dx}$, 解出 $C(x) = \int Q(x)e^{\int P(x)dx}dx + C$;

(4)求出 $C(x)$, 代入 $y = C(x)e^{-\int P(x)dx}$ 中得非齐次微分方程的通解.

例5.7 求微分方程 $(\cos x)y' + (\sin x)y = 1$ 的通解.

解 将原方程变形为 $y' + (\tan x)y = \sec x$.

先求对应齐次线性方程 $y' + (\tan x)y = 0$ 的通解, $y = Ce^{-\int P(x)dx} = Ce^{-\int \tan x dx} = Ce^{\ln(\cos x)} = C\cos x$.

利用常数变易法, 把 C 换成 $C(x)$, 即设 $y = C(x)\cos x$, 则 $y' = C'(x)\cos x -$

$C(x)\sin x$.

把 y，y' 代入 $y' + (\tan x)y = \sec x$ 中，得 $[C'(x)\cos x - C(x)\sin x] + C(x)\cos x \cdot \tan x = \sec x$，即 $C'(x) = \sec^2 x$，两边同时积分，得 $C(x) = \tan x + C$.

把 $C(x) = \tan x + C$ 代入 $y = C(x)\cos x$ 中，得到该非齐次方程的通解为 $y = (\tan x + C)\cos x$.

也可以直接利用式$(5-18)$求通解. 此时 $P(x) = \tan x$，$Q(x) = \sec x$，故

$$
\begin{aligned}
y &= e^{-\int P(x)\mathrm{d}x}\left[\int Q(x)e^{\int P(x)\mathrm{d}x}\mathrm{d}x + C\right] \\
&= e^{-\int \tan x\mathrm{d}x}\left(\int \sec x e^{\int \tan x\mathrm{d}x}\mathrm{d}x + C\right) \\
&= e^{\ln(\cos x)}\left(\int \sec x e^{-\ln(\cos x)}\mathrm{d}x + C\right) \\
&= \cos x\left(\int \sec^2 x\mathrm{d}x + C\right) \\
&= (\tan x + C)\cos x.
\end{aligned}
$$

例 5.8　求微分方程 $x^2\mathrm{d}y + (2xy - x + 1)\mathrm{d}x = 0$ 满足初始条件 $y\big|_{x=1} = 0$ 的特解.

解　将原方程变形为 $\dfrac{\mathrm{d}y}{\mathrm{d}x} + \dfrac{2}{x}y = \dfrac{x-1}{x^2}$. 这是一个一阶线性非齐次方程.

先求相应的齐次方程 $\dfrac{\mathrm{d}y}{\mathrm{d}x} + \dfrac{2}{x}y = 0$ 的通解，为 $y = \dfrac{C}{x^2}$.

用常数变易法，令 $y = \dfrac{C(x)}{x^2}$，得 $y' = \dfrac{C'(x)}{x^2} - \dfrac{2C(x)}{x^3}$.

把 y 和 y' 代入原方程，得 $C'(x) = x - 1$，两端同时积分得 $C(x) = \dfrac{1}{2}x^2 - x + C$.

将 $C(x) = \dfrac{1}{2}x^2 - x + C$ 代入 $y = \dfrac{C(x)}{x^2}$，得通解

$$
y = \frac{1}{x^2}\left(\frac{1}{2}x^2 - x + C\right) = \frac{1}{2} - \frac{1}{x} + \frac{C}{x^2}.
$$

把初始条件 $y\big|_{x=1} = 0$，代入上式，得 $C = \dfrac{1}{2}$.

故所求方程的特解为 $y = \dfrac{1}{2} - \dfrac{1}{x} + \dfrac{1}{2x^2}$.

习题 5.1

1. 指出下列微分方程的阶数.

　　(1)　$x\left(\dfrac{\mathrm{d}y}{\mathrm{d}x}\right)^2 + 2y\dfrac{\mathrm{d}y}{\mathrm{d}x} = -x$；　　　　　　(2)　$\dfrac{\mathrm{d}^2 x}{\mathrm{d}t^2} + t\dfrac{\mathrm{d}x}{\mathrm{d}t} + t = 0$；

　　(3)　$xy''' - y' + x = 0$；　　　　　　　　　(4)　$x^2\mathrm{d}x + y\mathrm{d}y = 0$.

2. 判断下列方程右边所给函数是否为该方程的解. 如果是解，是通解还是特解?

　　(1)　$\dfrac{\mathrm{d}y}{\mathrm{d}x} + 3y = 1$，　　$y = \dfrac{1}{3} - Ce^{-3x}$；

（2）$y'' = \dfrac{1}{2}\sqrt{1 + (y')^2}$, $\quad y = \mathrm{e}^{\frac{x}{2}} + \mathrm{e}^{-\frac{x}{2}}$.

3. 求解下列微分方程.

（1）$x\mathrm{d}y - y\mathrm{d}x = 0$;　　　　　　　（2）$\mathrm{e}^{x+y}\mathrm{d}y = \mathrm{d}x$;

（3）$\dfrac{\mathrm{d}y}{\mathrm{d}x} = \sqrt{1 - y^2}$;　　　　　　（4）$y\mathrm{d}x = \tan x\mathrm{d}y$, $y\left(\dfrac{\pi}{4}\right) = 4$.

4. 求解下列微分方程.

（1）$y' + y = 2\mathrm{e}^x$;　　　　　　　　（2）$\dfrac{\mathrm{d}y}{\mathrm{d}x} + y\tan x = \sin 2x$;

（3）$xy' + y = \mathrm{e}^x$;　　　　　　　　（4）$xy' - y = 2$, $y\big|_{x=1} = 3$.

5.2　二阶常系数线性齐次微分方程

形如
$$y'' + P(x)y' + Q(x)y = f(x) \tag{5-19}$$
的微分方程称为二阶线性微分方程.

当 $f(x) \neq 0$ 时，方程（5-19）称为二阶非齐次线性微分方程.

当 $f(x) \equiv 0$ 时，方程
$$y'' + P(x)y' + Q(x)y = 0 \tag{5-20}$$
称为二阶齐次线性微分方程.

当系数 $P(x)$ 和 $Q(x)$ 分别为常数 p 和 q 时，方程（5-19）和（5-20）分别变为
$$y'' + py' + qy = f(x), \tag{5-21}$$
$$y'' + py' + qy = 0. \tag{5-22}$$
称方程（5-21）为二阶常系数非齐次线性微分方程，方程（5-22）为二阶常系数齐次线性微分方程.

下面将讨论二阶常系数线性齐次微分方程解的结构和二阶常系数线性齐次微分方程解的解法.

5.2.1　二阶线性齐次微分方程的通解

定理 5.1　若 y_1, y_2 是二阶线性齐次微分方程（5-22）的两个解，则 $y = C_1 y_1 + C_2 y_2$ 也是方程（5-22）的解，其中，C_1，C_2 为任意常数.

需要指出的是，$y = C_1 y_1 + C_2 y_2$ 虽然是方程（5-22）的解，且从形式上看也含有两个任意常数，但两个任意常数未必是独立的，所以 $y = C_1 y_1 + C_2 y_2$ 有可能不是方程（5-22）的通解.

为了检验常数 C_1，C_2 是否独立，以确定 $y = C_1 y_1 + C_2 y_2$ 是不是方程（5-22）的通解，下面给出两个函数线性相关的概念：当 $\dfrac{y_2}{y_1}$ 为常数时，称 y_1，y_2 线性相关；当 $\dfrac{y_2}{y_1}$ 不

是常数时，称 y_1 与 y_2 线性无关.

有了线性相关与线性无关的概念，下面给出二阶齐次线性微分方程的通解结构定理.

定理 5.2　若函数 y_1，y_2 是方程 $(5-22)$ 两个线性无关的特解，则函数 $y = C_1 y_1 + C_2 y_2 (C_1$，$C_2$ 为任意常数) 是方程 $(5-22)$ 的通解.

例如，方程 $y'' - y = 0$ 是一个二阶线性齐次方程，容易看出 $y_1 = \mathrm{e}^x$，$y_1 = \mathrm{e}^{-x}$ 都是它的解，且 $\dfrac{y_2}{y_1} = \mathrm{e}^{2x}$，不是常数，即 y_1，y_2 线性无关，故 $y = C_1 \mathrm{e}^x + C_2 \mathrm{e}^{-x}$ 是方程 $y'' - y = 0$ 的通解.

5.2.2　二阶常系数线性齐次微分方程的通解

定理 5.2　如果我们能求出方程 $(5-22)$ 两个线性无关的特解 y_1 和 y_2，那么 $y = C_1 y_1 + C_2 y_2 (C_1$，$C_2$ 为任意常数) 为其通解.

由于方程是常系数的，指数函数 e^{rx} 的导数为本身的倍数，我们设想方程 $(5-22)$ 有形如 $y = \mathrm{e}^{rx}$ 的解，其中 r 为待定的常数.

将 $y = \mathrm{e}^{rx}$，$y' = r\mathrm{e}^{rx}$，$y'' = r^2 \mathrm{e}^{rx}$ 代入方程 $(5-22)$，得 $\mathrm{e}^{rx}(r^2 + pr + q) = 0$，即

$$r^2 + pr + q = 0. \tag{5-23}$$

只要 r 满足上面方程，则函数 $y = \mathrm{e}^{rx}$ 一定是方程 $(5-22)$ 的解，我们称 $r^2 + pr + q = 0$ 为方程 $(5-22)$ 的特征方程.

设 r_1，r_2 是特征方程的两个根.

(1) 若 $r_1 \neq r_2$ 且均为实数，则 $y_1 = \mathrm{e}^{r_1 x}$，$y_2 = \mathrm{e}^{r_2 x}$ 为方程 $(5-22)$ 的特解，又 $\dfrac{y_2}{y_1} = \mathrm{e}^{(r_2 - r_1)x}$，不是常数，所以它们线性无关. 于是方程 $(5-22)$ 的通解为

$$y = C_1 \mathrm{e}^{r_1 x} + C_2 \mathrm{e}^{r_2 x} (C_1, C_2 \text{ 为任意常数}).$$

(2) 若 $r_1 = r_2$，则仅得到方程 $(5-22)$ 的一个特解 $y_1 = \mathrm{e}^{r_1 x}$. 为了求出另一个与其线性无关的特解 y_2，要求 $\dfrac{y_2}{y_1}$ 不为常数，我们设 $y_2 = C(x)\mathrm{e}^{r_1 x}$，下面求 $C(x)$.

y_2 对 x 求导数，得 $y_2' = C'(x)\mathrm{e}^{r_1 x} + r_1 C(x)\mathrm{e}^{r_1 x}$，$y_2'' = C''(x)\mathrm{e}^{r_1 x} + 2r_1 C'(x)\mathrm{e}^{r_1 x} + r_1^2 C(x)\mathrm{e}^{r_1 x}$. 将 y_2，y_2'，y_2'' 代入方程 $(5-22)$，得

$$C''(x)\mathrm{e}^{r_1 x} + (p + 2r_1)C'(x)\mathrm{e}^{r_1 x} + (r_1^2 + pr_1 + q)C(x)\mathrm{e}^{r_1 x} = 0.$$

由于 r_1 是特征方程的重根，故 $r_1^2 + pr_1 + q = 0$，$p + 2r_1 = 0$，又 $\mathrm{e}^{r_1 x} \neq 0$，上式化为 $C''(x) = 0$，积分得 $C(x) = C_1 x + C_2$.

因为只需找一个特解，故取 $C_1 = 1$，$C_2 = 0$，就得到了需要的另一个特解 $y_2 = x\mathrm{e}^{r_1 x}$，所以方程 $(5-22)$ 的通解为

$$y = (C_1 + C_2 x)\mathrm{e}^{r_1 x} (C_1, C_2 \text{ 为任意常数}).$$

(3) 若 $p^2 - 4q < 0$，即特征方程无实根，而是有一对共轭的复根 $r_1 = \alpha + \mathrm{i}\beta$，$r_2 = \alpha - \mathrm{i}\beta (\alpha$，$\beta$ 为实数，$\beta \neq 0)$，此时方程 $(5-22)$ 有两个复数形式的特解，$y_1 = \mathrm{e}^{(\alpha + \mathrm{i}\beta)x}$ 和 $y_2 =$

$e^{(\alpha - i\beta)x}$，为了得到实数形式的解，利用欧拉公式 $e^{i\theta} = \cos\theta + i \cdot \sin\theta$ 将 y_1 与 y_2 改写成

$$y_1 = e^{\alpha x}(\cos\beta x + i \cdot \sin\beta x), \quad y_2 = e^{\alpha x}(\cos\beta x - i \cdot \sin\beta x).$$

由本节定理 5.1 知

$$\frac{1}{2}(y_1 + y_2) = e^{\alpha x}\cos\beta x, \quad \frac{1}{2i}(y_1 + y_2) = e^{\alpha x}\sin\beta x,$$

也是方程(5 - 22)的特解，且它们线性无关，故方程(5 - 22)的通解为

$$y = e^{\alpha x}(C_1\cos\beta x + C_2\sin\beta x).$$

综上所述，求二阶常系数齐次线性微分方程(5 - 22)的通解步骤如下：

（1）写出微分方程所对应的特征方程 $r^2 + pr + q = 0$；

（2）求出特征方程的两个根 r_1，r_2；

（3）根据特征根的不同情况，按下表写出微分方程(5 - 22)的通解：

特征方程 $r^2 + pr + q = 0$ 的两个根 r_1，r_2	微分方程 $y'' + py' + qy = 0$ 的通解
两个不相等的实根 r_1，r_2	$y = C_1 e^{r_1 x} + C_2 e^{r_2 x}$
两个相等的实根 $r_1 = r_2 = r$	$y = (C_1 + C_2 x) e^{r x}$
一对共轭复根 r_1，$r_2 = \alpha \pm \beta i$	$y = e^{\alpha x}(C_1\cos\beta x + C_2\sin\beta x)$

例 5.9　求微分方程 $y'' - 2y' - 3y = 0$ 的通解.

解　因为特征方程为 $r^2 - 2r - 3 = 0$，所以 $r_1 = -1$，$r_2 = 3$，原方程的通解为

$$y = C_1 e^{-x} + C_2 e^{3x}.$$

例 5.10　求微分方程 $y'' + 2y' + y = 0$ 满足初始条件 $y|_{x=0} = 0$，$y'|_{x=0} = 1$ 的特解.

解　因为特征方程为 $r^2 + 2r + 1 = 0$，所以 $r = -1$ 为二重根，原方程的通解为

$$y = (C_1 + C_2 x) e^{-x}.$$

由初始条件 $y|_{x=0} = 0$，得 $C_1 = 0$.

而 $y' = C_2 e^{-x} - C_2 x e^{-x}$，由初始条件 $y'|_{x=0} = 1$，得 $C_2 = 1$.

故满足初始条件的特解为 $y = x e^{-x}$.

例 5.11　求微分方程 $y'' - 2y' + 5y = 0$ 的通解.

解　因为特征方程为 $r^2 - 2r + 5 = 0$，所以 $r = 1 \pm 2i$ 为复根，原方程的通解为

$$y = e^x(C_1\cos 2x + C_2\sin 2x).$$

习题 5.2

1. 下列函数组中，哪些是线性无关的？

　　（1）e^x，e^{-x}；　　　　　　　　　（2）$\sin 3x$，$\cos 3x$；

　　（3）$\cos^2 x$，$1 + \cos 2x$；　　　　　（4）$e^{-x}\cos x$，$e^{-x}\sin x$.

2. 验证 $y = C_1 e^x + C_2 e^{-x} + e^{2x}$ 是方程 $y'' - y = 3e^{2x}$ 的通解（C_1，C_2 为任意常数）.

3. 求下列微分方程的通解.

　　（1）$y'' - 7y' + 12y = 0$；　　　　　（2）$y'' + 4y' + 3y = 0$；

　　（3）$y'' + 6y' + 9y = 0$；　　　　　（4）$4y'' - 4y' + y = 0$；

（5）$y'' + 6y' + 13y = 0$；　　　　　　（7）$4y'' - 8y' + 5y = 0$；

（7）$4\dfrac{d^2 x}{dt} - 20\dfrac{dx}{dt} + 25x = 0.$

4. 求下列微分方程满足初始条件的特解.

（1）$y'' - 4y' + 3y = 0$，$y\big|_{x=0} = 6$，$y'\big|_{x=0} = 10$；

（2）$4y'' + 4y' + y = 0$，$y\big|_{x=0} = 2$，$y'\big|_{x=0} = 0$；

（3）$y'' + 4y = 0$，$y\big|_{x=0} = 2$，$y'\big|_{x=0} = 6$.

5.3　可降阶的高阶微分方程

5.3.1　$y^{(n)} = f(x)$ 型微分方程的通解

这类方程只需连续积分 n 次便可得到通解，其中有 n 个积分常数.

例 5.12　求方程 $y''' = e^{2x} - \cos x$ 的通解.

解　$y'' = \dfrac{1}{2}e^{2x} - \sin x + C_1$，$y'' = \dfrac{1}{4}e^{2x} + \cos x + C_1 x + C_2.$

故原方程的通解为 $y = \dfrac{1}{8}e^{2x} - \sin x + \dfrac{1}{2}C_1 x^2 + C_2 x + C_3.$

5.3.2　$y'' = f(x, y')$ 型微分方程的通解

这类型方程的特点是不含未知函数 y，其解法是：令 $y' = p$，则 $\dfrac{d^2 y}{dx^2} = \dfrac{dp}{dx}.$

例 5.13　求微分方程 $xy'' + y' = 0$ 的通解.

解　设 $y' = p$，则 $\dfrac{d^2 y}{dx^2} = \dfrac{dp}{dx}.$

原方程可写成 $x\dfrac{dp}{dx} + p = 0$，$\dfrac{dp}{p} = -\dfrac{dx}{x}$，两边同时积分得

$$\ln|p| = -\ln|x| + \ln C_1.$$

故 $p = \dfrac{C_1}{x}$，即 $y' = \dfrac{C_1}{x}$，两边再同时积分，得 $y = C_1 \ln|x| + C_2.$

例 5.14　求微分方程 $y'' = \dfrac{2x}{x^2 + 1}y'$ 满足初始条件 $y\big|_{x=0} = 1$，$y'\big|_{x=0} = 3$ 的特解.

解　设 $y' = p$，则 $y'' = \dfrac{dp}{dx}.$

原方程可写成 $\dfrac{dp}{dx} = \dfrac{2x}{x^2 + 1}p$，$\dfrac{dp}{p} = \dfrac{2x}{x^2 + 1}dx.$

两边同时积分得 $\ln|p| = \ln(x^2 + 1) + \ln C_1$，$p = C_1(x^2 + 1)$，即 $y' = C_1(x^2 + 1).$

由初始条件 $y''|_{x=0}=3$，得 $C_1=3$，$y=x^3+3x+C_2$.

由初始条件 $y|_{x=0}=1$，得 $C_2=1$.

故所求特解为 $y=x^3+3x+1$.

5.3.3 $y''=f(y，y')$ 型微分方程的通解

这类型方程的特点是不含自变量 x，其解法是：令 $y'=p$，则 $\dfrac{d^2y}{dx^2}=\dfrac{dp}{dx}=\dfrac{dp}{dy}\dfrac{dy}{dx}=p\dfrac{dp}{dy}$.

例 5.15 求微分 $2yy''+y'^2=0$（y 不为常数且 $y>0$ 恒成立）的通解.

解 设 $y'=p$，$y''=p\dfrac{dp}{dy}$，则 $2yp\dfrac{dp}{dy}+p^2=0$.

因为 y 不为常数，所以 $p\neq0$.

若 $p\neq0$，则有 $\dfrac{dp}{p}=-\dfrac{1}{2}\dfrac{dy}{y}$. 两边同时积分，得 $\ln|p|=-\dfrac{1}{2}\ln y+\ln C_1$，$p=\dfrac{C_1}{\sqrt{y}}$，

即 $\dfrac{dy}{dx}=\dfrac{C_1}{\sqrt{y}}$.

故 $\sqrt{y}dy=C_1dx$，两边同时积分，得 $\dfrac{2}{3}y^{\frac{3}{2}}=C_1x+C_2$.

习题 5.3

1. 求下列微分方程的通解.

  （1） $y''=x+\sin x$；   （2） $y''=\dfrac{1}{1+x^2}$；

  （3） $y'''=x+e^{2x}$，$y(0)=1$，$y'(0)=1$，$y''(0)=1$.

2. 求下列微分方程的解.

  （1） $y''=y'+x$；   （2） $xy''+y'=x^2+3x+2$；

  （3） $(x^2+1)y''=2xy'$，$y(0)=1$，$y'(0)=3$；

  （4） $(1-x^2)y''-xy'=0$，$y(0)=0$，$y'(0)=1$.

3. 求下列微分方程的解.

  （1）$yy''-(y')^2-y'=0$；

  （2）$y''=2yy'$ 满足初始条件 $y(0)=1$，$y'(0)=2$ 的解；

  （3）$y''-e^{2y}y'=0$ 满足初始条件 $y|_{x=0}=0$，$y'|_{x=0}=\dfrac{1}{2}$ 的解.

5.4 利用微分方程建立数学模型

前面讨论了几种常见的微分方程的解法，下面我们举例说明微分方程在几何、物理

和经济等问题中的应用，如何根据实际问题通过适当的假设，建立数学模型.

应用微分方程解决实际问题通常按下列步骤进行：

（1）分析问题，建立微分方程，提出初始条件；

（2）求出微分方程的通解；

（3）根据初始条件解出特解.

例 5.16　过曲线 L 上任意一点 $P(x, y)(x > 0, y > 0)$ 作 PQ 垂直于 x 轴，PR 垂直于 y 轴，作曲线 L 的切线 PT 交 x 轴于 T 点，要使矩形面积 $OQPR$ 与三角形 PTQ 有相同的面积，求曲线 L 的方程.

解　设曲线 L 的方程为 $y = y(x)$，由曲线 L 上任一点 $P(x, y)$ 的切线都与 x 轴相交，$y = y(x)$ 的图像如图 5 – 1 所示.

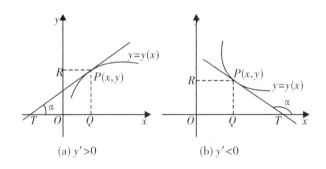

图 5 – 1

$S_{OQPR} = xy.$

当 $y' > 0$ 时，因为 $S_{\triangle PTQ} = \frac{1}{2} y \cdot y\cot\alpha = \frac{1}{2} y^2 \cdot \frac{1}{y'}$，所以 $\frac{1}{2} y^2 \cdot \frac{1}{y'} = xy$，即 $y' = \frac{y}{2x}$，

解得曲线 L 的方程 $y = C\sqrt{x}$.

当 $y' < 0$ 时，因为 $S_{\triangle PTQ} = \frac{1}{2} y \cdot y\cot(\pi - \alpha) = -\frac{1}{2} y^2 \cdot \frac{1}{y'}$，所以 $-\frac{1}{2} y^2 \cdot \frac{1}{y'} = xy$，

$y' = -\frac{y}{2x}$，解得曲线 L 的方程 $y = \frac{C}{\sqrt{x}}$.

例 5.17　单位质量的物体由静止状态下落，假设空气阻力与物体下落速度的平方成正比（比例系数为 k，$k > 0$），求速度随时间变化的规律.

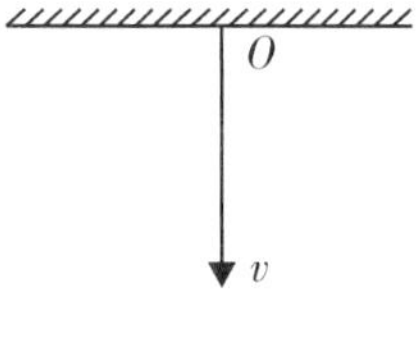

解　如图 5 – 2 所示，设在 t 时刻的速度为 $v(t)$. 物体下落时受重力 g（方向与 v 一致）和空气阻力 $-kv^2$ 的作用，根据牛顿第二定律 $F = ma$，有

$$1 \cdot \frac{\mathrm{d}v}{\mathrm{d}t} = g - kv^2, \tag{5 – 24}$$

初始条件为 $v(0) = 0$.

图 5 – 2

方程(5-24)是可分离变量的方程,它的通解为 $\int \dfrac{\mathrm{d}v}{g-kv^2} = \int \mathrm{d}t$,解方程得

$$\frac{\sqrt{\dfrac{g}{k}}+v}{\sqrt{\dfrac{g}{k}}-v} = C\mathrm{e}^{2\sqrt{kg}}.$$

将初始条件 $v(0)=0$ 代入上式,得 $C=1$,故 $\dfrac{\sqrt{\dfrac{g}{k}}+v}{\sqrt{\dfrac{g}{k}}-v} = \mathrm{e}^{2\sqrt{kg}}$,即

$$v(t) = \sqrt{\frac{g}{k}}\left(\mathrm{e}^{2\sqrt{kg}t}-1\right)\Big/\left(\mathrm{e}^{2\sqrt{kg}t}+1\right).$$

例 5.18 有一电路如图 5-3 所示,其中电源电动势 $E = E_0\sin\omega t(E_0,\omega$ 为常量),电阻 R 和电感 L 为常量,在 $t=0$ 时合上开关 S,其时电流为零,求此电路中电流 I 与时间 t 的函数关系.

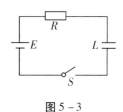

图 5-3

解 由电学知识,电感上的感应电动势为 $L\dfrac{\mathrm{d}I}{\mathrm{d}t}$,由回电路电压定律,有 $E = RI + L\dfrac{\mathrm{d}I}{\mathrm{d}t}$,即

$$\frac{\mathrm{d}I}{\mathrm{d}t} + \frac{R}{L}I = \frac{E_0}{L}\sin\omega t, \qquad (5-25)$$

初始条件为 $I(0)=0$.

方程(5-25)是一阶非齐次线性微分方程,它的通解为

$$I(t) = C\mathrm{e}^{-\frac{R}{L}t} + \frac{E_0}{R^2+\omega^2L^2}(R\sin\omega t - \omega L\cos\omega t).$$

将初始条件 $I(0)=0$ 代入上式,得 $C = \dfrac{E_0\omega L}{R^2+\omega^2L^2}$. 于是所求电流为

$$I(t) = \frac{E_0}{R^2+\omega^2L^2}\left(\omega L\mathrm{e}^{-\frac{R}{L}t} + R\sin\omega t - \omega L\cos\omega t\right), t\geqslant 0.$$

利用微分方程还可以对经济现象进行分析. 下面通过建立市场价格的一阶微分方程来说明微分方程在经济中的应用.

设某商品的供求函数如下:需求函数 $Q_k = a-bp(a,b>0)$,供给函数 $Q_s = -c+dp$ $(c,d>0)$,由均衡条件 $Q_k = Q_s$ 得均衡价格 $\bar{p} = \dfrac{a+c}{b+d}$. 若初始价格 $p(0)=\bar{p}$,则市场供求处于均衡状态;若初始价格 $p(0)\neq\bar{p}$,则价格 p,需求 Q_d,供给 Q_s 都将随时间 t 变化,这就需要对市场价格作动态分析.

一般来说,价格 p 是由需求 Q_d 和供给 Q_s 的相对力量来支配的,假设价格的变化率与超额需求 $Q_d - Q_s$ 成正比,则价格的变化率可用下面微分方程模型表示:

$$\frac{\mathrm{d}p}{\mathrm{d}t} = \alpha(Q_\mathrm{d} - Q_\mathrm{s})(\alpha > 0,称为调节系数),$$

即 $\frac{\mathrm{d}p}{\mathrm{d}t} = \alpha(a - bp + c - dp)$，$\frac{\mathrm{d}p}{\mathrm{d}t} + \alpha(b + d)p = \alpha(a + c)$. 初始条件为 $p(0) = \bar{p}$.

此方程为一阶线性非齐次微分方程，解此微分方程的特解，得到价格对时间 t 的函数关系为 $p(t) = [p(0) - \bar{p}]\mathrm{e}^{-kt} + \bar{p}$，其中，$k = a(b + d)$，$\bar{p}$ 为均衡价格.

由上式知，当 $t \rightarrow \infty$ 时，$\mathrm{e}^{-kt} \rightarrow 0$，故有 $p(t) \rightarrow \bar{p}$. 这就是说，无论商品的起始价格 $p(0)$ 如何，经过一定时期，由于受商品价格规律的作用，商品的价格总会趋于均衡价格 $\bar{p}$，即市场价格具有动态的稳定性，如图 5-4 所示.

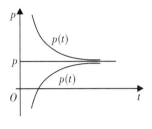

图 5-4

习题 5.4

1. 设某曲线上任一点的切线与横轴交点的横坐标等于切点的纵坐标的两倍，且曲线过点 $(2,1)$，求该曲线的方程.

2. 设降落伞从跳伞塔下落，下落时所受空气阻力的大小与速度成正比(比例系数为 k，$k > 0$)，又设降落伞脱钩时(记 $t = 0$)的速度为零，求降落伞下落速度与时间之间的函数关系.

3. 已知某商品的利润 L 是广告费支出的函数，且满足

$$\frac{\mathrm{d}L}{\mathrm{d}x} = b - a(L + x)(a > 0, b > 0,为常数),$$

当 $x = 0$ 时，$L(0) = L_0$，求利润函数.

复习题 5

1. 选择题.

(1) 微分方程 $(y - \ln x)\mathrm{d}x + x\mathrm{d}y = 0$ 是(　　).

A. 可分离变量方程　　　　　　　　B. 齐次方程

C. 一阶非齐次线性方程　　　　　　D. 一阶齐次线性方程

(2) (　　)是微分方程 $y' = y$ 的解.

A. $y = 2x^2$　　　　B. $y = 7x$　　　　C. $y = \mathrm{e}^x$　　　　D. $y = \sin x$

(3) 已知某二阶常系数齐次线性微分方程的两个特征根分别为 $r_1 = 1$，$r_2 = 2$，则该方程为(　　).

A. $y'' - y' + y = 0$　　　　　　　B. $y'' - 3y' + 2 = 0$

C. $y'' - 3y' - 2y = 0$　　　　　　D. $y'' - 3y' + 2y = 0$

2. 填空题.

(1) $x^5 y''' + 3x^2(y')^4 - x^3 y = x^5 + 1$ 是_____阶的微分方程.

(2) 已知微分方程 $y'' + y = 0$ 的两个特解分别为 $\sin x$，$\cos x$，则该方程的通解为_____.

（3）线性微分方程 $\dfrac{\mathrm{d}y}{\mathrm{d}x}+p(x)y=q(x)$ 的通解形式是_____.

3. 求下列微分方程的通解.

（1）$y'\tan x - y = 3$；

（2）$y'' + 2y' - 3y = 0$；

（3）$y' - 2xy = 6x$；

（4）$(x + y^3)\mathrm{d}y = y\mathrm{d}x$；

（5）$y'' = 1 + (y')^2$.

4. 求下列微分方程满足所给初始条件的特解.

（1）$y'' + 25y = 0$，$y\big|_{x=\frac{\pi}{5}} = -2$，$y'\big|_{x=\frac{\pi}{5}} = -5$；

（2）$(1 - x^2)y'' - xy' = 0$，$y\big|_{x=0} = 0$，$y'\big|_{x=0} = 1$.

（3）$y'' + (y')^2 = 1$，$y\big|_{x=0} = 0$，$y'\big|_{x=0} = 0$.

5. 一质量为 m 的质点从水平面由静止开始下降，所受的阻力与下降速度成正比（比例系数为 k），求下降的深度 x 与时间 t 的函数关系.

第6章　多元函数的微积分

前面讨论的函数，都只含有一个自变量，这种只含有一个自变量的函数称为一元函数．但在我们所遇到的变量之间的相依关系中，很多情况是一个变量依赖于多个变量，这就提出了多元函数及多元函数的微分和积分问题．本章将在一元函数微分学的基础上，介绍多元函数的极限、连续等基本概念，多元函数的微分法及二重积分等基础知识．

6.1　二元函数极限的概念

6.1.1　空间直角坐标系

6.1.1.1　空间直角坐标系的概念

为了确定平面上任意一点的位置，我们建立了平面直角坐标系．为了确定空间任意一点的位置，相应地就要引进空间直角坐标系.

在空间取定一点 O，过点 O 作三条互相垂直的数轴，它们都以 O 为原点，且一般具有相同的单位长度，这三条数轴分别称为 x 轴(横轴)、y 轴(纵轴)与 z 轴(竖轴)，它们统称为坐标轴．三个坐标轴正向构成右手系，即以右手握住 z 轴，当右手的四个手指从正向 x 轴以 $\frac{\pi}{2}$ 角度转向正向 y 轴时，大拇指的指向就是 z 轴的正向，如图 $6-1$ 所示.

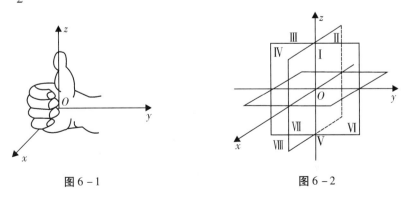

图 $6-1$　　　　　　　　　　　　图 $6-2$

三条坐标轴就构成了空间直角坐标系,点 O 称为坐标原点. 每两条坐标轴确定一个平面,称为坐标面. 由 x 轴和 y 轴确定的坐标面称为 xOy 坐标面,类似的还有 yOz 坐标面和 zOx 坐标面. 三个坐标面把空间分为八个部分,每一部分称为一个卦限,如图 $6-2$ 所示.

设 M 为空间一点. 过点 M 作三个平面分别垂直于 x 轴、y 轴和 z 轴,它们与坐标轴的交点依次为 P,Q,R,如图 $6-3$ 所示. 这三点在 x 轴、y 轴和 z 轴上的坐标依次为 x,y,z,于是空间点 M 就唯一地确定了一个有序数组 x,y,z;反之,已知一个有序数组 x,y,z,则可以在 x 轴、y 轴和 z 轴上分别取坐标为 x,y,z 的点 P,Q,R,然后过 P,Q,R 分别作 x 轴、y 轴和 z 轴的垂直平面,由这三个垂直平面得到唯一的交点 M. 这样,就建立了空间的点 M 与有序数组 x,y,z 之间的一一对应关系. 这组数

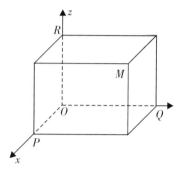

图 $6-3$

x,y,z 就是点 M 的坐标,并依次称 x,y,z 为点 M 的**横坐标**、**纵坐标**和**竖坐标**. 坐标为 x,y,z 的点通常记为 $M(x,y,z)$.

坐标轴和坐标面上的点,其坐标各自有一定的特征. 若点 $M(x,y,z)$ 在 x 轴上,则 $y=z=0$;若在 y 轴上,则 $x=z=0$;若在 z 轴上,则 $x=y=0$. 另外,若点 $M(x,y,z)$ 在 xOy 坐标面上,则 $z=0$;若在 yOz 坐标面上,则 $x=0$;若在 zOx 坐标面上,则 $y=0$.

例 6.1　在空间直角坐标系中作出坐标为 $(4,2,3)$ 的点.

解　建立空间直角坐标系. 在 x 轴、y 轴取坐标分别为 4,2 的点 P 和点 Q. 过点 P 和点 Q 作平行于 y 轴和 x 轴的平行线,交于点 $N(4,2,0)$.

过 N 点作平行于 z 轴且向上的线段 NM,长度为 3 个单位,则 M 的坐标为 $(4,2,3)$ 为所求,如图 $6-4(a)$ 所示.

点 $(4,2,3)$ 也可以用如下方法作出:在 z 轴上取坐标为 3 个单位的点 R,过点 P,Q,R 分别作垂直于 x 轴、y 轴和 z 轴的平面,三个垂直平面的交点即为点 $(4,2,3)$,如图 $6-4(b)$ 所示.

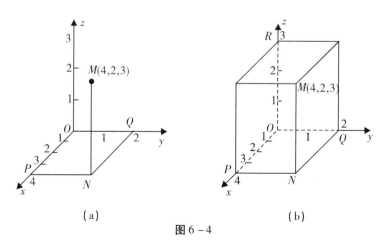

(a)　　　　　　　　　　　(b)

图 $6-4$

6.1.1.2　空间两点间的距离

设 $M_1(x_1,\ y_1,\ z_1)$，$M_2(x_2,\ y_2,\ z_2)$ 为空间的两点，下面用坐标来表示它们之间的距离．过点 M_1 分别作垂直于三条坐标轴的平面，交三个坐标轴于 P_1，Q_1，R_1，这三点在 x 轴、y 轴和 z 轴的坐标分别为 x_1，y_1，z_1；同样，过点 M_2 分别作垂直于三条坐标轴的平面，交三个坐标轴于 P_2，Q_2，R_2，这三点在 x 轴、y 轴和 z 轴的坐标分别为 x_2，y_2，z_2．这六个平面构成一个以 M_1M_2 为对角线的长方体(图 6-5)，由勾股定理容易推得其长度满足 $|M_1M_2|^2 = |M_1N|^2 + |M_2N|^2 = |M_1P|^2 + |PN|^2 + |M_2N|^2$．

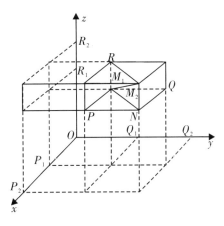

图 6-5

又因为 $|M_1P| = |P_1P_2| = |x_2 - x_1|$，$|PN| = |Q_1Q_2| = |y_2 - y_1|$，$|M_2N| = |R_1R_2| = |z_2 - z_1|$，所以 $|M_1M_2|^2 = (x_2 - x_1)^2 + (y_2 - y_1)^2 + (z_2 - z_1)^2$．故空间两点 M_1，M_2 间的距离为

$$|M_1M_2| = \sqrt{(x_2 - x_1)^2 + (y_2 - y_1)^2 + (z_2 - z_1)^2}．\tag{6-1}$$

特别地，点 $M(x,\ y,\ z)$ 到坐标原点 $(0,\ 0,\ 0)$ 的距离为

$$|OM| = \sqrt{x^2 + y^2 + z^2}．\tag{6-2}$$

例 6.2　求 $M_1(2,\ 3,\ -1)$，$M_2(4,\ -2,\ 1)$ 之间的距离．

解　$|M_1M_2| = \sqrt{(4-2)^2 + (-2-3)^2 + (1+1)^2} = \sqrt{33}$．

例 6.3　求证：以 $M_1(4,\ 3,\ 1)$，$M_2(7,\ 1,\ 2)$，$M_3(5,\ 2,\ 3)$ 三点为顶点的三角形是一个等腰三角形．

证明　因为 $|M_1M_2|^2 = (7-4)^2 + (1-3)^2 + (2-1)^2 = 14$，$|M_2M_3|^2 = (5-7)^2 + (2-1)^2 + (3-2)^2 = 6$，$|M_3M_1|^2 = (4-5)^2 + (3-2)^2 + (1-3)^2 = 6$，

所以 $|M_2M_3| = |M_3M_1|$，即 $\triangle M_1M_2M_3$ 为等腰三角形．

6.1.2　二元函数的定义

先看两个例子。

例 6.4　设有一个长方体，高为 h，底是边长为 b 的正方形，则其体积为

$$V = b^2 h．$$

这里，当变量 h，b 在其变化范围内 $(h > 0,\ b > 0)$ 取定一对数值 $(h,\ b)$ 时，V 的值就随之确定，V 称为关于变量 h，b 的二元函数．

例 6.5　一定量的理想气体的压强 p、体积 V 和绝对温度 T 之间的关系为

$$V = \frac{RT}{p}（R \text{ 为常数}）．$$

这里，当 p，T 在一定范围 $(p > 0,\ T > T_0$，其中 T_0 为该气体的液化点$)$ 取定一对数

值时，V 的值就随之确定，V 称为关于变量 p，T 的二元函数.

上面两个例子的具体含义虽然各不相同，但它们却有共同的性质，抽出其共性就得到以下二元函数的定义.

定义 6.1 设有三个变量 x，y 和 z，若当变量 x，y 在它们的变化范围 D 中任意取定一对值时，变量 z 按照某种对应法则 f 都有唯一确定的数值与之对应，则称 f 是 D 上的**二元函数**；与变量 x，y 对应的 z 值，称为 f 在 $(x，y)$ 的函数值，记为 $z = f(x，y)$. 称 x，y 为自变量，z 为因变量，称 D 为函数的定义域，函数值的全体称为值域.

如同用 x 轴上的点来表示数值 x 一样，用 xOy 平面上的点 $P(x，y)$ 来表示一对有序数组 $(x，y)$，于是函数 $z = f(x，y)$ 可简记为 $z = f(P)$，而称 z 为关于点 P 的函数.

如果对于点 $P(x，y)$，函数 $z = f(x，y)$ 有确定的值与之对应，就说函数 $z = f(x，y)$ 在点 $P(x，y)$ 处有定义. 函数的定义域就是使函数有定义的点的全体所构成的点集. 因此，二元函数 $z = f(x，y)$ 的定义域是 xOy 平面上的点集.

例 6.6 求函数 $f(x，y) = \ln(x + y)$ 的定义域，并计算 $f(1，0)$ 和 $f(3，-1)$.

解 因为当 $x + y > 0$，即 $y > -x$ 时，$\ln(x + y)$ 才有意义，所以定义域为 $D = \{(x，y) \mid y > -x\}$.

在 xOy 平面上，D 表示在直线 $y = -x$ 的上方但不包含此直线的半平面(图 6-6).

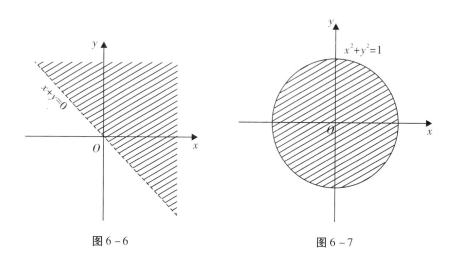

图 6-6   图 6-7

例 6.7 求函数 $z = \sqrt{1 - x^2 - y^2}$ 的定义域.

解 因为当 $x^2 + y^2 \leqslant 1$ 时，原函数有意义，所以其定义域为平面点集 $\{(x，y) \mid x^2 + y^2 \leqslant 1\}$ (图 6-7).

例 6.8 求函数 $z = \sqrt{x^2 + y^2 - 1} + \ln(4 - x^2 - y^2)$ 的定义域.

解 要使函数有意义，必须 $x^2 + y^2 - 1 \geqslant 0$，$4 - x^2 - y^2 > 0$，故定义域为 $D = \{(x，y) \mid 1 \leqslant x^2 + y^2 < 4\}$.

在 xOy 平面上，D 表示以原点为圆心，半径分别为 1 和 2 的同心圆所围成的圆环(包含内圆 $x^2 + y^2 = 1$，但不包含外圆 $x^2 + y^2 = 4$)(图 6-8).

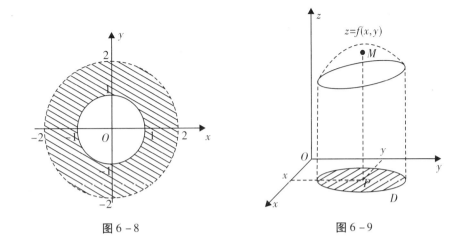

图 6 - 8　　　　　　　　　　　图 6 - 9

在一元函数的讨论中，邻域及区间是经常用到的概念. 类似地，讨论二元函数时，经常用到邻域及区域概念. 从以上例子可以看出，二元函数的定义域通常是 xOy 平面上的一个区域. 如果一个区域可以被包含在以原点为圆心的某一个圆内，则称该区域为**有界区域**；否则，称为**无界区域**. 围成区域的曲线称为区域的边界. 区域连同其边界一起称为**闭区域**，不包含边界上任何点的区域称为**开区域**. 例如，区域 $D = \{(x, y) \mid x^2 + y^2 \leqslant 1\}$ 是有界闭区域；$D = \{(x, y) \mid y < -x\}$ 是无界开区域；区域 $\{(x, y) \mid 1 \leqslant x^2 + y^2 < 4\}$ 是有界区域，但它既不是开区域，也不是闭区域.

与点 $P_0(x_0, y_0)$ 距离小于 δ 的点 $P(x, y)$ 的全体称为点 $P_0(x_0, y_0)$ 的 δ **邻域**，即点集 $\{(x, y) \mid \sqrt{(x - x_0)^2 + (y - y_0)^2} < \delta\}$. P_0 称为**邻域中心**，δ 称为**邻域半径**. 点集 $\{(x, y) \mid 0 < \sqrt{(x - x_0)^2 + (y - y_0)^2} < \delta\}$ 则称为点 P_0 的**去心 δ 邻域**.

一元函数 $y = f(x)$ 通常表示 xOy 平面上的一条曲线. 二元函数 $z = f(x, y)$，其定义域是 xOy 平面上的一个区域. 对于定义域 D 中任意一点 $P(x, y)$，必有唯一的数 z 与之对应，因此数组 (x, y, z) 就确定了空间直角坐标系的一个点 $M(x, y, z)$，这样确定的点的集合就是函数 $z = f(x, y)$ 的图像，通常是个曲面(图 6 - 9).

例 6.9　作二元函数 $z = \sqrt{1 - x^2 - (y - 1)^2}$ 的图像.

解　由 $z = \sqrt{1 - x^2 - (y - 1)^2}$，两边平方得 $z^2 = 1 - x^2 - (y - 1)^2$，整理后得 $x^2 + (y - 1)^2 + z^2 = 1$.

方程的图像是以 $(0, 1, 0)$ 为球心，以 1 为半径的球面. 因此，$z = \sqrt{1 - x^2 - (y - 1)^2}$ 的图形为该球面的上半部(图 6 - 10).

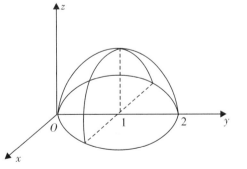

图 6 - 10

类似地，可定义三元及三元以上的函数. 例如，长方体的体积 V 是其三条棱长 x, y, z 的函数 $V = xyz$.

电流通过电阻时所作的功 P 是电阻 R、电流 I、时间 t 的函数 $P = I^2 Rt$.

二元以及二元以上的函数统称为**多元函数**.

6.1.3 二元函数的极限与连续

6.1.3.1 二元函数的极限

与一元函数的情形一样,利用函数的极限也可以说明二元函数在一点连续的概念. 下面讨论当点 $P(x, y)$ 趋向于点 $P_0(x_0, y_0)$ 时函数 $z = f(x, y)$ 的变化趋势.

定义 6.2 设函数 $z = f(x, y)$ 在点 $P_0(x_0, y_0)$ 的某一去心邻域内有定义,$P(x, y)$ 是该去心邻域内任意一点,当点 $P(x, y)$ 以任意方式趋向于点 $P_0(x_0, y_0)$ 时,若对应的函数值 $f(x, y)$ 趋向于一个确定的常数 A,则称 A 是函数 $z = f(x, y)$ 当 $P(x, y) \to P_0(x_0, y_0)$ 时的**极限**,记为

$$\lim_{\substack{x \to x_0 \\ y \to y_0}} f(x, y) = A \text{ 或 } \lim_{P \to P_0} f(x, y) = A.$$

记点 $P(x, y)$ 与 $P_0(x_0, y_0)$ 的距离为 ρ,则

$$\rho = \sqrt{(x - x_0)^2 + (y - y_0)^2},$$

$P(x, y) \to P_0(x_0, y_0)$ 可以用 $\rho \to 0$ 表示,从而当 $P(x, y) \to P_0(x_0, y_0)$ 时二元函数的极限可以记为 $\lim_{\rho \to 0} f(x, y) = A$.

需要注意的是,二元函数的极限要求点 $P(x, y)$ 以任意方式趋向于点 $P_0(x_0, y_0)$ 时,$f(x, y)$ 都趋向于同一个确定的常数 A. 因此,如果 $P(x, y)$ 以某一特殊方式,如沿一条定直线或者定曲线趋于 $P_0(x_0, y_0)$ 时,即使函数无限接近于某一确定值,也不能断定函数的极限存在. 但是,若当 $P(x, y)$ 以不同方式趋于 $P_0(x_0, y_0)$ 时,函数趋于不同的值,则可以断定函数的极限不存在. 下面举例说明.

例 6.10 函数 $f(x, y) = \dfrac{xy}{x^2 + y^2}$ 在原点的去心邻域内有定义,当点 $P(x, y)$ 沿直线 $y = kx$ (k 为常数) 趋于原点时,有

$$\lim_{\substack{x \to 0 \\ y \to 0 \\ (\text{沿} y = kx)}} f(x, y) = \lim_{x \to 0} \frac{kx^2}{x^2 + k^2 x^2} = \frac{k}{1 + k^2}.$$

当 k 取不同的数值时,上式的值不等,因此 $\lim\limits_{\substack{x \to 0 \\ y \to 0}} \dfrac{xy}{x^2 + y^2}$ 不存在.

二元函数的极限概念可以推广到二元以上的函数.

6.1.3.2 二元函数的连续性

类似于一元函数,利用极限可以得到二元函数的连续性的定义.

定义 6.3 设函数 $z = f(x, y)$ 在点 $P_0(x_0, y_0)$ 的某邻域有定义,若

$$\lim_{\substack{x \to x_0 \\ y \to y_0}} f(x, y) = f(x_0, y_0),$$

则称函数 $z = f(x, y)$ 在点 $P_0(x_0, y_0)$ 处连续.

若函数 $z = f(x, y)$ 在点 $P_0(x_0, y_0)$ 处没有定义或式 (6-3) 不成立,即函数 $z =$

$f(x, y)$ 在点 $P_0(x_0, y_0)$ 处不连续，则称点 $P_0(x_0, y_0)$ 为函数 $z = f(x, y)$ 的间断点或不连续点. 例如，函数 $f(x, y) = \dfrac{3}{x^2 + y^2 - 4}$，在圆周 $x^2 + y^2 = 4$ 上每一点都没有定义，所以圆周上的点都是它的间断点.

若函数 $z = f(x, y)$ 在区域 D 内每一点处都连续，则称函数在 D 内连续.

类似于一元函数，在有界闭区域上的二元连续函数必在 D 上取得最大值和最小值，而且一切二元初等函数在其定义域内是连续的. 因此，在计算二元初等函数在其定义域内的某一点 $P_0(x_0, y_0)$ 处的极限时，求出该点的函数值即可.

例如，$\displaystyle\lim_{\substack{x \to 1 \\ y \to 2}} \frac{3}{x^2 + y^2 - 4} = \frac{3}{1^2 + 2^2 - 4} = 3$，$\displaystyle\lim_{\substack{x \to 1 \\ y \to 2}} \frac{xy}{x + y} = \frac{2}{1 + 2} = \frac{2}{3}$.

习题 6.1

1. 在空间直角坐标系中，作出下列各点的位置.

$A(1, 2, 3)$，$B(-2, 3, 4)$，$C(2, -1, 2)$，$D(2, 0, 0)$，$E(0, -1, 1)$.

2. 求下列各对点之间的距离.

(1) $(0, 0, 0)$ 与 $(2, 3, 4)$；

(2) $(4, -2, 3)$ 与 $(-2, 1, 3)$.

3. 求点 $A(2, 3, -4)$ 关于以下对称点的坐标：(1) xOy 面；(2) y 轴；(3) 坐标原点.

4. 试证：以三点 $A(4, 1, 9)$，$B(10, -1, 6)$，$C(2, 4, 3)$ 为顶点的三角形是等腰直角三角形.

5. 已知函数 $f(x, y) = x^2 + y^2 - xy\tan\dfrac{y}{x}$，求 $f(tx, ty)$.

6. 已知函数 $f(x, y) = 2x^2 + 3y$，求 $f(x - y, xy)$.

7. 求下列函数的定义域.

(1) $z = \ln(x + y)$； (2) $z = \dfrac{1}{\sqrt{x}} + \dfrac{1}{\sqrt{y}} + \dfrac{1}{\sqrt{z}}$；

(3) $z = \sqrt{x - \sqrt{y}}$.

8. 画出下列函数的图像.

(1) $z = \sqrt{x^2 + y^2}$； (2) $z = 3 - \sqrt{9 - x^2 - y^2}$.

6.2 偏导数与全微分

6.2.1 偏导数的定义

在研究二元函数时，往往要研究函数关于其中一个自变量的变化率，先看下面的例子.

例6.11 气缸内理想气体的体积 V，压强 p 和热力学温度 T 之间的关系为 $V = \dfrac{RT}{p}$，其中，R 为常数. 当温度 T 和压强 p 两个因素同时变化时，体积 V 的变化情况比较复杂，因此通常分为两种情况考虑：

（1） 等温过程. 若固定温度 T 这个变量（即 T 为常数），则体积 V 关于压强 p 的变化率为 $\left(\dfrac{\mathrm{d}V}{\mathrm{d}p}\right)_{T=常数} = \dfrac{-RT}{p^2}$.

（2） 等压过程. 若如果固定压强 p 这个变量（即 p 为常数），则体积 V 关于温度 T 的变化率为 $\left(\dfrac{\mathrm{d}V}{\mathrm{d}T}\right)_{P=常数} = \dfrac{R}{p}$.

对于二元函数 $z = f(x, y)$，如果只有自变量 x 变化，而自变量 y 固定（即把 y 看作常数），这时它就是关于 x 的一元函数，这个函数对 x 的导数就称为二元函数 $z = f(x, y)$ 对于 x 的偏导数. 类似地，如果只有自变量 y 变化，而自变量 x 固定（即把 x 看作常数），这时它就是关于 y 的一元函数，这个函数对 y 的导数就称为二元函数 $z = f(x, y)$ 对于 y 的偏导数.

定义6.4 设函数 $z = f(x, y)$ 在点 (x_0, y_0) 的某一邻域内有定义，当 y 固定在 y_0 而 x 在 x_0 处有增量 Δx 时，相应地函数有增量 $f(x_0 + \Delta x, y_0) - f(x_0, y_0)$.

若极限 $\lim\limits_{\Delta x \to 0} \dfrac{f(x_0 + \Delta x, y_0) - f(x_0, y_0)}{\Delta x}$ 存在，则称此极限为函数 $z = f(x, y)$ 在点 (x_0, y_0) 处对 x 的**偏导数**，记作

$$\left.\frac{\partial z}{\partial x}\right|_{\substack{x=x_0 \\ y=y_0}}, \quad \left.\frac{\partial f}{\partial x}\right|_{\substack{x=x_0 \\ y=y_0}}, \quad \left.z_x\right|_{\substack{x=x_0 \\ y=y_0}} \quad 或 f_x(x_0, y_0),$$

即

$$f_x(x_0, y_0) = \lim\limits_{\Delta x \to 0} \frac{f(x_0 + \Delta x, y_0) - f(x_0, y_0)}{\Delta x}.$$

类似地，函数 $z = f(x, y)$ 在点 (x_0, y_0) 处对 y 的偏导数定义为

$$\lim\limits_{\Delta y \to 0} \frac{f(x_0, y_0 + \Delta y) - f(x_0, y_0)}{\Delta y},$$

记作

$$\left.\frac{\partial z}{\partial y}\right|_{\substack{x=x_0 \\ y=y_0}}, \quad \left.\frac{\partial f}{\partial y}\right|_{\substack{x=x_0 \\ y=y_0}}, \quad \left.z_y\right|_{\substack{x=x_0 \\ y=y_0}} 或 f_y(x_0, y_0).$$

如果函数 $z = f(x, y)$ 在区域 D 内每一点 (x, y) 处对 x 的偏导数都存在，那么这个偏导数就是关于 x，y 的函数，它称为函数 $z = f(x, y)$ 对自变量 x 的**偏导函数**，记作 $\dfrac{\partial z}{\partial x}$，$\dfrac{\partial f}{\partial x}$，$z_x$ 或 $f_x(x, y)$，即 $f_x(x, y) = \lim\limits_{\Delta x \to 0} \dfrac{f(x + \Delta x, y) - f(x, y)}{\Delta x}$.

类似地，可定义函数 $z = f(x, y)$ **对 y 的偏导函数**，记为 $\dfrac{\partial z}{\partial y}$，$\dfrac{\partial f}{\partial y}$，$z_y$ 或 $f_y(x, y)$，即

$$f_y(x, y) = \lim\limits_{\Delta y \to 0} \frac{f(x, y + \Delta y) - f(x, y)}{\Delta y}.$$

偏导数的概念还可推广到二元以上的函数. 例如, 三元函数 $u = f(x, y, z)$ 在点 (x, y, z) 处对 x 的偏导数定义为

$$f_x(x, y, z) = \lim_{\Delta x \to 0} \frac{f(x + \Delta x, y, z) - f(x, y, z)}{\Delta x},$$

其中, (x, y, z) 是函数 $u = f(x, y, z)$ 的定义域内的点. 它们的求法依旧是一元函数的微分法问题.

6.2.2　一阶偏导数的计算

由定义 6.4 可知, 函数 $z = f(x, y)$ 在点 (x_0, y_0) 处对 x 的偏导数 $f_x(x_0, y_0)$ 就是偏导函数 $f_x(x, y)$ 在点 (x_0, y_0) 处的函数值; $f_y(x_0, y_0)$ 就是偏导函数 $f_y(x, y)$ 在点 (x_0, y_0) 处的函数值. 以后, 偏导函数简称为**偏导数**.

求 $\dfrac{\partial f}{\partial x}$ 时, 只需把 y 暂时看作常量而对 x 求导数; 求 $\dfrac{\partial f}{\partial y}$ 时, 只需把 x 暂时看作常量而对 y 求导数.

例 6.12　求 $z = x^2 + 4xy + y^2$ 在点 $(2, 3)$ 处的偏导数.

解　把 y 看作常量, 得 $\dfrac{\partial z}{\partial x} = 2x + 4y$; 把 x 看作常量, 得 $\dfrac{\partial z}{\partial y} = 4x + 2y$.

将点 $(2, 3)$ 代入上两式, 得

$$\left.\frac{\partial z}{\partial x}\right|_{\substack{x=2 \\ y=3}} = 2 \times 2 + 4 \times 3 = 16,$$

$$\left.\frac{\partial z}{\partial x}\right|_{\substack{x=2 \\ y=3}} = 4 \times 2 + 2 \times 3 = 14.$$

例 6.13　求 $z = x^2 \sin 2y$ 的偏导数.

解　$\dfrac{\partial z}{\partial x} = 2x \sin 2y$, $\dfrac{\partial z}{\partial y} = 2x^2 \cos 2y$.

例 6.14　设 $z = x^y (x > 0, x \neq 1)$, 求证: $\dfrac{x}{y} \cdot \dfrac{\partial z}{\partial x} + \dfrac{1}{\ln x} \cdot \dfrac{\partial z}{\partial y} = 2z$.

证明　$\dfrac{\partial z}{\partial x} = yx^{y-1}$, $\dfrac{\partial z}{\partial y} = x^y \ln x$.

$\dfrac{x}{y} \cdot \dfrac{\partial z}{\partial x} + \dfrac{1}{\ln x} \cdot \dfrac{\partial z}{\partial y} = \dfrac{x}{y} \cdot yx^{y-1} + \dfrac{1}{\ln x} \cdot x^y \ln x = x^y + x^y = 2z.$

例 6.15　求 $r = \sqrt{x^2 + y^2 + z^2}$ 的偏导数.

解　$\dfrac{\partial r}{\partial x} = \dfrac{x}{\sqrt{x^2 + y^2 + z^2}} = \dfrac{x}{r}$, $\dfrac{\partial r}{\partial y} = \dfrac{y}{\sqrt{x^2 + y^2 + z^2}} = \dfrac{y}{r}$, $\dfrac{\partial r}{\partial z} = \dfrac{z}{\sqrt{x^2 + y^2 + z^2}} = \dfrac{z}{r}$.

对于二元函数 $z = f(x, y)$, 若 $f(x, y) = f(y, x)$, 则称 $z = f(x, y)$ 对变量 x, y 是对称的. 关于变量 x, y 是对称的函数, 只要在求出 $f_x(x, y)$ 后把 x 与 y 互换, 就能得到 $f_y(x, y)$, 如例 6.12.

6.2.3 高阶偏导数

设函数 $z = f(x, y)$ 在区域 D 内具有偏导数 $\dfrac{\partial z}{\partial x} = f_x(x, y)$，$\dfrac{\partial z}{\partial y} = f_y(x, y)$，那么在 D 内 $f_x(x, y)$、$f_y(x, y)$ 都是关于 x, y 的函数. 若这两个函数的偏导数也存在，则称它们是函数 $z = f(x, y)$ 的**二阶偏导数**. 按照对变量求导次序的不同有下列四个二阶偏导数：

$$\frac{\partial}{\partial x}\left(\frac{\partial z}{\partial x}\right) = \frac{\partial^2 z}{\partial x^2} = z_{xx} = f_{xx}(x, y);$$

$$\frac{\partial}{\partial y}\left(\frac{\partial z}{\partial x}\right) = \frac{\partial^2 z}{\partial x \partial y} = z_{xy} = f_{xy}(x, y);$$

$$\frac{\partial}{\partial x}\left(\frac{\partial z}{\partial y}\right) = \frac{\partial^2 z}{\partial y \partial x} = z_{yx} = f_{yx}(x, y);$$

$$\frac{\partial}{\partial y}\left(\frac{\partial z}{\partial y}\right) = \frac{\partial^2 z}{\partial y^2} = z_{yy} = f_{yy}(x, y).$$

其中，$\dfrac{\partial}{\partial y}\left(\dfrac{\partial z}{\partial x}\right) = \dfrac{\partial^2 z}{\partial x \partial y} = f_{xy}(x, y)$，$\dfrac{\partial}{\partial x}\left(\dfrac{\partial z}{\partial y}\right) = \dfrac{\partial^2 z}{\partial y \partial x} = f_{yx}(x, y)$ 称为**混合偏导数**.

$\dfrac{\partial}{\partial y}\left(\dfrac{\partial z}{\partial x}\right) = \dfrac{\partial^2 z}{\partial x \partial y}$ 是先对 x 后对 y 求偏导，而 $\dfrac{\partial}{\partial x}\left(\dfrac{\partial z}{\partial y}\right) = \dfrac{\partial^2 z}{\partial y \partial x}$ 是先对 y 后对 x 求偏导. 同样可得三阶、四阶以及 n 阶偏导数.

二阶及二阶以上的偏导数统称为**高阶偏导数**.

例 6.16 设 $z = x^3 y^2 - 3xy^3 - xy + 1$，求 $\dfrac{\partial^2 z}{\partial x^2}$、$\dfrac{\partial^2 z}{\partial x \partial y}$、$\dfrac{\partial^2 z}{\partial y \partial x}$ 和 $\dfrac{\partial^2 z}{\partial y^2}$.

解 $\dfrac{\partial z}{\partial x} = 3x^2 y^2 - 3y^3 - y$，$\dfrac{\partial z}{\partial y} = 2x^3 y - 9xy^2 - x$.

$\dfrac{\partial^2 z}{\partial x^2} = 6xy^2$，$\dfrac{\partial^2 z}{\partial y^2} = 2x^3 - 18xy$；

$\dfrac{\partial^2 z}{\partial x \partial y} = 6x^2 y - 9y^2 - 1$，$\dfrac{\partial^2 z}{\partial y \partial x} = 6x^2 y - 9y^2 - 1$.

在例 6.16 中，$\dfrac{\partial^2 z}{\partial y \partial x} = \dfrac{\partial^2 z}{\partial x \partial y}$，由此得到以下定理.

定理 6.1 如果函数 $z = f(x, y)$ 的两个二阶混合偏导数 $\dfrac{\partial^2 z}{\partial y \partial x}$ 及 $\dfrac{\partial^2 z}{\partial x \partial y}$ 在区域 D 内存在，那么在该区域内这两个二阶混合偏导数必相等.

6.2.4 全微分

由前面的学习我们知道，若一元函数 $y = f(x)$ 在点 x 处可微分，则由自变量的改变量 Δx 所引起的函数的改变量可以表示为关于 Δx 的线性函数与一个比 Δx 高阶无穷小之和. 对于二元函数 $z = f(x, y)$，假设在点 $P(x, y)$ 的某邻域内有定义，取 $Q(x + \Delta x, y + \Delta y)$ 为邻域内任意一点，称 $f(x + \Delta x, y + \Delta y) - f(x, y)$ 为函数在点 (x, y) 的**全改变量**，记为 Δz，即 $\Delta z = f(x + \Delta x, y + \Delta y) - f(x, y)$.

计算全改变量比较复杂，我们希望用关于 Δx、Δy 的线性函数来近似代替之.

定义 6.5　若函数 $z = f(x, y)$ 在点 (x, y) 的全改变量

$$\Delta z = f(x + \Delta x, y + \Delta y) - f(x, y)$$

可表示为

$$\Delta z = A\Delta x + B\Delta y + o(\rho), \tag{6-3}$$

其中，A、B 不依赖于 Δx、Δy 而仅与 x，y 有关，$\rho = \sqrt{(\Delta x)^2 + (\Delta y)^2}$，则称函数 $z = f(x, y)$ 在点 (x, y) **可微**，称 $A\Delta x + B\Delta y$ 为函数 $z = f(x, y)$ 在点 (x, y) 的**全微分**，记作 $\mathrm{d}z$，即 $\mathrm{d}z = A\Delta x + B\Delta y$.

如果函数区域 D 内各点处都可微，那么称这函数在 D 内可微.

对于二元函数，即使偏导数在某点存在也不能保证函数在该点连续，但是，若函数 $z = f(x, y)$ 在点 (x, y) 可微，则必在该点连续.

这是因为，若 $z = f(x, y)$ 在点 (x, y) 可微，则

$$\Delta z = f(x + \Delta x, y + \Delta y) - f(x, y) = A\Delta x + B\Delta y + o(\rho),$$

于是 $\lim\limits_{\substack{\Delta x \to 0 \\ \Delta y \to 0}} f(x + \Delta x, y + \Delta y) = \lim\limits_{\substack{\Delta x \to 0 \\ \Delta y \to 0}} [f(x, y) + \Delta z] = f(x, y)$，因此，$z = f(x, y)$ 在点 (x, y) 处连续.

定理 6.2　若函数 $z = f(x, y)$ 在点 (x, y) 处可微，则函数在该点连续.

定理 6.3(可微的必要条件)　若函数 $z = f(x, y)$ 在点 (x, y) 处可微，则函数在该点的偏导数 $\dfrac{\partial z}{\partial x}$，$\dfrac{\partial z}{\partial y}$ 必定存在，且函数 $z = f(x, y)$ 在点 (x, y) 的全微分为

$$\mathrm{d}z = \frac{\partial z}{\partial x}\Delta x + \frac{\partial z}{\partial y}\Delta y.$$

定理 6.4(可微的充分条件)　若函数 $z = f(x, y)$ 的偏导数 $\dfrac{\partial z}{\partial x}$，$\dfrac{\partial z}{\partial y}$ 在点 (x, y) 处连续，则函数 $z = f(x, y)$ 在该点可微.

定理 6.2、定理 6.3 和定理 6.4 的结论可推广到三元及三元以上函数.

按照习惯，Δx，Δy 分别记作 $\mathrm{d}x$，$\mathrm{d}y$，并分别称为自变量的微分，则函数 $z = f(x, y)$ 的全微分可写作

$$\mathrm{d}z = \frac{\partial z}{\partial x}\,\mathrm{d}x + \frac{\partial z}{\partial y}\,\mathrm{d}y.$$

上式右边两项 $\dfrac{\partial z}{\partial x}\,\mathrm{d}x$，$\dfrac{\partial z}{\partial y}\,\mathrm{d}y$ 分别称为二元函数对 x 和对 y 的偏微分. 全微分等于它的两个偏微分之和，二元函数的微分符合**叠加原理**. 叠加原理也适用于二元以上的函数. 例如，函数 $u = f(x, y, z)$ 的全微分为

$$\mathrm{d}u = \frac{\partial u}{\partial x}\,\mathrm{d}x + \frac{\partial u}{\partial y}\,\mathrm{d}y + \frac{\partial u}{\partial z}\,\mathrm{d}z.$$

例 6.17　计算函数 $z = x^2 y + y^2$ 的全微分.

解　因为 $\dfrac{\partial z}{\partial x} = 2xy$，$\dfrac{\partial z}{\partial y} = x^2 + 2y$，

所以 $dz = 2xydx + (x^2 + 2y)dy$.

例 6.18 计算函数 $z = e^{xy}$ 在点 $(2，1)$ 处的全微分.

解 因为 $\dfrac{\partial z}{\partial x} = ye^{xy}$，$\dfrac{\partial z}{\partial y} = xe^{xy}$，

所以 $\dfrac{\partial z}{\partial x}\Big|_{\substack{x=2\\y=1}} = e^2$，$\dfrac{\partial z}{\partial y}\Big|_{\substack{x=2\\y=1}} = 2e^2$，

即在点 $(2，1)$ 处，$dz = e^2 dx + 2e^2 dy$.

例 6.19 计算函数 $u = 2x + \cos\dfrac{y}{3} + e^{yz}$ 的全微分.

解 因为 $\dfrac{\partial u}{\partial x} = 2$，$\dfrac{\partial u}{\partial y} = -\dfrac{1}{3}\sin\dfrac{y}{3} + ze^{yz}$，$\dfrac{\partial u}{\partial z} = ye^{yz}$，

所以 $du = 2dx + \left(-\dfrac{1}{3}\sin\dfrac{y}{3} + ze^{yz}\right)dy + ye^{yz}dz$.

6.2.5 复合函数微分法

在一元函数微分学中，有复合函数的求导法则，那么对于多元复合函数，该如何求导呢? 设 $z = f(u，v)$，u，v 为中间变量，而 $u = \varphi(x)$，$v = \psi(x)$，如何求 $\dfrac{dz}{dx}$?

设 $z = f(u，v)$，而 $u = \varphi(x，y)$，$v = \psi(x，y)$，又如何求 $\dfrac{\partial z}{\partial x}$ 和 $\dfrac{\partial z}{\partial y}$?

6.2.5.1 复合函数的中间变量均为一元函数的情形

定理 6.5 若函数 $u = \varphi(x)$ 及 $v = \psi(x)$ 都在点 x 可导，函数 $z = f(u，v)$ 在对应点 $(u，v)$ 具有连续偏导数，则复合函数 $z = f(\varphi(x)，\psi(x))$ 在点 x 可导，且有

$$\frac{dz}{dx} = \frac{\partial z}{\partial u} \cdot \frac{du}{dx} + \frac{\partial z}{\partial v} \cdot \frac{dv}{dx}. \qquad (6-4)$$

变量之间的关系可以用树形图表示，如图 6-11 所示.

推广 设 $z = f(u，v，w)$，$u = \varphi(x)$，$v = \psi(x)$，$w = \omega(x)$，则 $z = f(\varphi(x)，\psi(x)，\omega(x))$ 对 x 的导数为

图 6-11

$$\frac{dz}{dx} = \frac{\partial z}{\partial u} \cdot \frac{du}{dx} + \frac{\partial z}{\partial v} \cdot \frac{dv}{dx} + \frac{\partial z}{\partial w} \cdot \frac{dw}{dx} \qquad (6-5)$$

上述导数 $\dfrac{dz}{dx}$ 称为**全导数**.

6.2.5.2 复合函数的中间变量均为多元函数的情形

定理 6.6 若函数 $u = \varphi(x，y)$，$v = \psi(x，y)$ 都在点 $(x，y)$ 具有对 x 及 y 的偏导数，函数 $z = f(u，v)$ 在对应点 $(u，v)$ 具有连续偏导数，则复合函数 $z = f(\varphi(x，y)$，$\psi(x，y))$ 在点 $(x，y)$ 的两个偏导数都存在，且

$$\frac{\partial z}{\partial x} = \frac{\partial z}{\partial u} \cdot \frac{\partial u}{\partial x} + \frac{\partial z}{\partial v} \cdot \frac{\partial v}{\partial x},$$

$$\frac{\partial z}{\partial y} = \frac{\partial z}{\partial u} \cdot \frac{\partial u}{\partial y} + \frac{\partial z}{\partial v} \cdot \frac{\partial v}{\partial y}.$$

$(6-6)$

变量之间的关系可以用树形图表示，如图 6 – 12 所示.

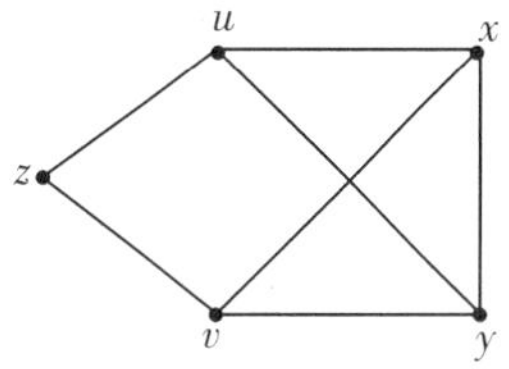

推广　设 $z = f(u, v, w)$，$u = \varphi(x, y)$，$v = \psi(x, y)$，$w = \omega(x, y)$，则

$$\frac{\partial z}{\partial x} = \frac{\partial z}{\partial u} \cdot \frac{\partial u}{\partial x} + \frac{\partial z}{\partial v} \cdot \frac{\partial v}{\partial x} + \frac{\partial z}{\partial w} \cdot \frac{\partial w}{\partial x},$$

$$\frac{\partial z}{\partial y} = \frac{\partial z}{\partial u} \cdot \frac{\partial u}{\partial y} + \frac{\partial z}{\partial v} \cdot \frac{\partial v}{\partial y} + \frac{\partial z}{\partial w} \cdot \frac{\partial w}{\partial y}.$$

$(6-7)$

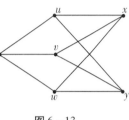

图 6 – 12

变量之间的关系可以用树形图表示，如图 6 – 13 所示.

6.2.5.3 复合函数的中间变量既有一元函数，又有多元函数的情形

定理 6.7　若函数 $u = \varphi(x, y)$ 在点 (x, y) 具有对 x 及对 y 的偏导数，函数 $v = x$，函数 $z = f(u, v)$ 在对应点 (u, v) 具有连续偏导数，则复合函数 $z = f(\varphi(x, y), x)$ 在点 (x, y) 的两个偏导数存在，且

$$\frac{\partial z}{\partial x} = \frac{\partial f}{\partial u} \cdot \frac{\partial u}{\partial x} + \frac{\partial f}{\partial x},$$

$$\frac{\partial z}{\partial y} = \frac{\partial f}{\partial u} \cdot \frac{\partial u}{\partial y}.$$

$(6-8)$

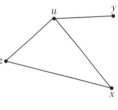

图 6 – 13

这里 $\frac{\partial z}{\partial x}$ 与 $\frac{\partial f}{\partial x}$ 是不同的. $\frac{\partial z}{\partial x}$ 是把复合函数 $z = f(\varphi(x, y), x)$ 中的 y 看作常量而对 x 的偏导数，$\frac{\partial f}{\partial x}$ 是把 $z = f(u, x)$ 中的 u 看作常量而对 x 的偏导数，两者含义不同，不能混淆. 变量之间的关系可以用树形图表示，如图 6 – 14 所示.

图 6 – 14

讨论：

（1）设 $z = f(u, v)$，$u = \varphi(x, y)$，$v = \psi(y)$，则 $\frac{\partial z}{\partial x} = ?$　$\frac{\partial z}{\partial y} = ?$

提示：$\frac{\partial z}{\partial x} = \frac{\partial f}{\partial u} \cdot \frac{\partial u}{\partial x}$，$\frac{\partial z}{\partial y} = \frac{\partial f}{\partial u} \cdot \frac{\partial u}{\partial y} + \frac{\partial f}{\partial v} \cdot \frac{\mathrm{d}v}{\mathrm{d}y}$.

（2）设 $z = f(u, x, y)$，且 $u = \varphi(x, y)$，则 $\frac{\partial z}{\partial x} = ?$　$\frac{\partial z}{\partial y} = ?$

提示：$\frac{\partial z}{\partial x} = \frac{\partial f}{\partial u} \cdot \frac{\partial u}{\partial x} + \frac{\partial f}{\partial x}$，$\frac{\partial z}{\partial y} = \frac{\partial f}{\partial u} \cdot \frac{\partial u}{\partial y} + \frac{\partial f}{\partial y}$.

例 6.20　设 $y = (2 + \sin x)^{\cos x}$，应用多元复合函数的求导法则求 $\frac{\mathrm{d}y}{\mathrm{d}x}$.

解　令 $u = 2 + \sin x$，$v = \cos x$，则 $y = u^v$，变量关系的树形图如图 6 – 15 所示.

由式(6-4)，得

$$\frac{dy}{dx} = \frac{\partial y}{\partial u} \cdot \frac{du}{dx} + \frac{\partial y}{\partial v} \cdot \frac{dv}{dx}$$

$$= vu^{v-1}\cos x - u^v \ln u \cdot \sin x$$

$$= u^{v-1}(v\cos x - u\sin x \ln u)$$

$$= (2 + \sin x)^{\cos x - 1}[\cos^2 x - \sin x(2 + \sin x)\ln(2 + \sin x)].$$

图 6-15

例 6.21   设 $z = e^u \sin v,\ u = xy,\ v = x + y,\ $求$\frac{\partial z}{\partial x}$和$\frac{\partial z}{\partial y}$.

解   变量关系的树形图如图 6-16 所示.

由式(6-6)得

$$\frac{\partial z}{\partial x} = \frac{\partial z}{\partial u} \cdot \frac{\partial u}{\partial x} + \frac{\partial z}{\partial v} \cdot \frac{\partial v}{\partial x}$$

$$= e^u \sin v \cdot y + e^u \cos v \cdot 1$$

$$= e^{xy}[y\sin(x + y) + \cos(x + y)],$$

$$\frac{\partial z}{\partial y} = \frac{\partial z}{\partial u} \cdot \frac{\partial u}{\partial y} + \frac{\partial z}{\partial v} \cdot \frac{\partial v}{\partial y}$$

$$= e^u \sin v \cdot x + e^u \cos v \cdot 1$$

$$= e^{xy}[x\sin(x + y) + \cos(x + y)].$$

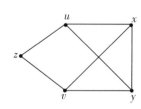

图 6-16

例 6.22   设 $z = f(u,\ v,\ x) = uv + \sin x,\ $而$\ u = x + 3y,\ v = 2xy,\ $求$\frac{\partial z}{\partial x}$和$\frac{\partial z}{\partial y}$.

解   变量关系的树形图如图 6-17 所示.

$$\frac{\partial z}{\partial x} = \frac{\partial f}{\partial u} \cdot \frac{\partial u}{\partial x} + \frac{\partial f}{\partial v} \cdot \frac{\partial v}{\partial x} + \frac{\partial f}{\partial x}$$

$$= v \cdot 1 + u \cdot 2y + \cos x$$

$$= 2xy + 2y(x + 3y) + \cos x$$

$$= 4xy + 6y^2 + \cos x,$$

$$\frac{\partial z}{\partial y} = \frac{\partial f}{\partial u} \cdot \frac{\partial u}{\partial y} + \frac{\partial f}{\partial v} \cdot \frac{\partial v}{\partial y}$$

$$= v \cdot 3 + u \cdot 2x$$

$$= 6xy + 2x(x + 3y)$$

$$= 12xy + 2x^2.$$

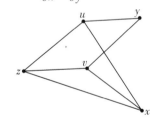

图 6-17

例 6.23   设 $z = f(x,\ u) = 2x + F(u),\ u = x^2 y$[其中$F(u)$为可导函数]，求$\frac{\partial z}{\partial x}$和$\frac{\partial z}{\partial y}$.

解   变量关系的树形图如图 6-18 所示.

$$\frac{\partial z}{\partial x} = \frac{\partial f}{\partial u} \cdot \frac{\partial u}{\partial x} + \frac{\partial f}{\partial x} = F'(u) \cdot 2xy + 2$$

$$= 2xyF'(u) + 2,$$

$$\frac{\partial z}{\partial y} = \frac{\partial f}{\partial u} \cdot \frac{\partial u}{\partial y} = x^2 F'(u).$$

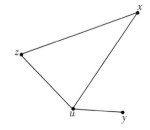

图 6-18

习题 6.2

1. 设 $f(x, y) = x^2 + xy + 2y^2$，求 $f_x(1, 0)$，$f_y(1, 0)$.

2. 求下列函数的偏导数.

  （1）$z = x^3 y - y^3 x$；

  （2）$z = xy + \dfrac{x}{y}$；

  （3）$z = \sqrt{\ln xy}$；

  （4）$z = \sin xy + \cos^2 xy$；

  （5）$s = \dfrac{u^2 + v^2}{uv}$；

  （6）$z = 2\sin(x^2 + y^2 + z^2)$.

3. 设 $T = 2\pi \sqrt{\dfrac{l}{g}}$，求证：$l \dfrac{\partial T}{\partial l} + g \dfrac{\partial T}{\partial g} = 0$.

4. 设 $f(x, y, z) = xy^2 + yz^2 + zx^2$，求 $f_{xx}(0, 0, 1)$，$f_{xz}(1, 0, 2)$，$f_{yz}(0, -1, 0)$.

5. 求下列函数的二阶偏导数.

  （1）$z = x^4 + y^4 - 4x^2 y^2$；

  （2）$z = x^{2y}$；

  （3）$z = y^x$.

6. 求函数 $z = \ln(x^2 + y^2)$ 当 $x = 2$，$y = 3$ 时的全微分.

7. 求下列函数的全微分.

  （1）$z = 2xy + \dfrac{x^2}{y}$；

  （2）$z = e^{xy}$；

  （3）$z = \dfrac{2y}{\sqrt{x^2 + y^2}}$；

  （4）$z = y\sin(x + y)$；

  （5）$u = \ln(x^2 + y^2 + z^2)$；

  （6）$u = x^{yz}$.

8. 利用复合函数求导法则，求下列函数的偏导数或全导数.

  （1）设 $z = u^2 + v^2$，$u = x + y$，$v = x - y$，求 $\dfrac{\partial z}{\partial x}$，$\dfrac{\partial z}{\partial y}$；

  （2）设 $z = u\ln v$，$u = \dfrac{x}{y}$，$v = x + y$，求 $\dfrac{\partial z}{\partial x}$，$\dfrac{\partial z}{\partial y}$；

  （3）设 $z = e^{x - 2y}$，$x = \sin t$，$y = t^3$，求 $\dfrac{dz}{dt}$；

  （4）设 $u = \sin(x + y + z)$，$x = rst$，$y = r + s + t$，$z = rs + st + rt$，求 $\dfrac{\partial u}{\partial t}$.

6.3　偏导数的应用

6.3.1　二元函数的极值

在生产实践中，经常遇到求多元函数的最值问题．类似于一元函数，多元函数的最值与极值之间有密切的联系，下面以二元函数为例讨论多元函数的极值问题.

6.3.1.1 二元函数的极大值、极小值

定义 6.5 设函数 $z = f(x, y)$ 在点 (x_0, y_0) 的某个邻域内有定义，若对于该邻域内任何异于 (x_0, y_0) 的点 (x, y)，都有

$$f(x, y) < f(x_0, y_0) \text{ 或 } f(x, y) > f(x_0, y_0),$$

则称函数 $z = f(x, y)$ 在点 (x_0, y_0) 取得极大值(或极小值)$f(x_0, y_0)$. 极大值、极小值统称为**极值**，使函数取得极值的点称为**极值点**.

例如，函数 $z = 3x^2 + 4y^2$ 在点 $(0, 0)$ 处有极小值 0，因为当 $(x, y) = (0, 0)$ 时，$z = 0$，而当 $(x, y) \neq (0, 0)$ 时，$z > 0$，所以 $z = 0$ 是函数的极小值. 函数 $z = -\sqrt{x^2 + y^2}$ 在点 $(0, 0)$ 处有极大值，因为当 $(x, y) = (0, 0)$ 时，$z = 0$，而当 $(x, y) \neq (0, 0)$ 时，$z < 0$，所以 $z = 0$ 是函数的极大值. 而函数 $z = xy$ 在点 $(0, 0)$ 处既不取得极大值也不取得极小值，因为在点 $(0, 0)$ 处的函数值为零，而在点 $(0, 0)$ 的任一邻域内，总有使函数值为正的点，也有使函数值为负的点.

定理 6.8(极值的必要条件) 设函数 $z = f(x, y)$ 在点 (x_0, y_0) 具有偏导数，且在点 (x_0, y_0) 处取得极值，则

$$f_x(x_0, y_0) = 0, \quad f_y(x_0, y_0) = 0.$$

仿照一元函数，凡是能使 $f_x(x, y) = 0$，$f_y(x, y) = 0$ 同时成立的点 (x_0, y_0) 称为函数 $z = f(x, y)$ 的**驻点**.

从定理 6.8 可知，具有偏导数的函数的极值点必定是驻点，但函数的驻点不一定是极值点.

例如，函数 $z = xy$ 在点 $(0, 0)$ 处的两个偏导数都是零，函数在 $(0, 0)$ 既不取得极大值也不取得极小值.

那么，怎样判断一个驻点是否是极值点呢? 如果是极值点，它是极大值还是极小值点? 定理 6.9 回答了这一问题.

定理 6.9(极值的充分条件) 设函数 $z = f(x, y)$ 在点 (x_0, y_0) 的某邻域内有一阶及二阶偏导数，又 $f_x(x_0, y_0) = 0$，$f_y(x_0, y_0) = 0$，即 (x_0, y_0) 是函数 $z = f(x, y)$ 的驻点，记 $f_{xx}(x_0, y_0) = A$，$f_{xy}(x_0, y_0) = B$，$f_{yy}(x_0, y_0) = C$，则 $f(x, y)$ 在点 (x_0, y_0) 处是否取得极值的条件为:

(1) 当 $B^2 - AC < 0$ 时，点 (x_0, y_0) 是极值点，且当 $A < 0$ 时，$f(x_0, y_0)$ 为极大值，当 $A > 0$ 时，$f(x_0, y_0)$ 为极小值;

(2) 当 $B^2 - AC > 0$ 时，点 (x_0, y_0) 不是极值点;

(3) 当 $B^2 - AC = 0$ 时，点 (x_0, y_0) 可能是极值点，也可能不是极值点.

由定理 6.8 和定理 6.9 可得求极值的方法如下:

(1) 解方程组 $\begin{cases} f_x(x, y) = 0, \\ f_y(x, y) = 0, \end{cases}$ 求得一切实数解，即可得一切驻点.

(2) 对于每一个驻点 (x_0, y_0)，求出二阶偏导数的值 A，B，C.

(3) 定出 $B^2 - AC$ 的符号，按定理 6.9 的结论判定 $f(x_0, y_0)$ 是否是极值，是极大值

还是极小值.

例 6.24　求函数 $z = x^3 + y^3 - 3xy$ 的极值.

解　解方程组

$$\begin{cases} f_x(x, y) = 3x^2 - 3y = 0, \\ f_y(x, y) = 3y^2 - 3x = 0, \end{cases}$$

求得驻点为 $(1, 1)$、$(0, 0)$.

$$f_{xx}(x, y) = 6x,\ f_{xy}(x, y) = -3,\ f_{yy}(x, y) = 6y.$$

列表讨论如下:

驻点	A	B	C	$B^2 - AC$	判定
$(1, 1)$	6	-3	6	-27	$f(1, 1) = -1$ 是极小值
$(0, 0)$	0	-3	0	9	$f(0, 0)$ 非极值

函数 $z = -\sqrt{x^2 + y^2}$ 在点 $(0, 0)$ 处有极大值, 但 $(0, 0)$ 不是函数的驻点. 因此, 在考虑函数的极值问题时, 除了考虑函数的驻点外, 如果有偏导数不存在的点, 那么对这些点也应当考虑.

6.3.1.2　条件极值

在讨论函数的极值时, 如果对自变量除了限制在定义域内取值, 还有其他附加约束条件, 这类极值问题称为**条件极值**. 若对自变量没有其他附加约束条件, 则称为**无条件极值**. 例如, 求表面积为 a^2 而体积为最大的长方体的体积问题. 设长方体的三棱的长为 x, y, z, 则体积 $V = xyz$. 又因假定表面积为 a^2, 所以自变量 x, y, z 还必须满足附加条件 $2(xy + yz + xz) = a^2$. 这个问题就是求函数 $V = xyz$ 在条件 $2(xy + yz + xz) = a^2$ 下的最大值问题, 这是一个条件极值问题.

对于有些实际问题, 可以把条件极值问题化为无条件极值问题. 例如, 对于上述问题, 由条件 $2(xy + yz + xz) = a^2$, 解得 $z = \dfrac{a^2 - 2xy}{2(x + y)}$, 于是得

$$V = \frac{xy}{2} \cdot \frac{a^2 - 2xy}{x + y}.$$

只需求 V 的无条件极值问题.

但是在很多情形下, 将条件极值化为无条件极值并不容易. 为此, 下面介绍一种直接求条件极值的方法——**拉格朗日乘数法**.

用拉格朗日乘数法求目标函数 $z = f(x, y)$ 在约束条件 $\varphi(x, y) = 0$ 下的极值的步骤如下:

(1) 作拉格朗日函数 $L(x, y) = f(x, y) + \lambda \varphi(x, y)$, 其中 λ 是一个待定常数.

（2）求 $L(x, y)$ 对 x，y 的偏导数，令其为零，再联立 $\varphi(x, y)=0$，得方程组

$$\begin{cases} \dfrac{\partial L}{\partial x}=f_x(x, y)+\lambda\varphi_x(x, y)=0, \\[2mm] \dfrac{\partial L}{\partial y}=f_y(x, y)+\lambda\varphi_y(x, y)=0, \\[2mm] \varphi(x, y)=0. \end{cases} \qquad (6-12)$$

（3）解方程组，得到 x_0，y_0，λ_0，则点 (x_0, y_0) 就是所要求的可能的极值点.

这种方法可以推广到自变量多于两个且条件多于一个的情形. 例如，求目标函数 $z=f(x, y, z)$ 在约束条件 $\varphi(x, y, z)=0$ 下的极值时，作拉格朗日函数 $L(x, y, z)=f(x, y, z)+\lambda\varphi(x, y, z)$，其中 λ 是一个待定常数，并解方程组

$$\begin{cases} \dfrac{\partial L}{\partial x}=f_x(x, y, z)+\lambda\varphi_x(x, y, z)=0, \\[2mm] \dfrac{\partial L}{\partial y}=f_y(x, y, z)+\lambda\varphi_y(x, y, z)=0, \\[2mm] \dfrac{\partial L}{\partial z}=f_z(x, y, z)+\lambda\varphi_z(x, y, z)=0, \\[2mm] \varphi(x, y, z)=0. \end{cases}$$

至于如何确定所求的点是否为极值点，在实际问题中往往可根据问题本身的性质来判定.

例 6.25 求表面积为 a^2 而体积为最大的长方体的体积.

解 设长方体的三棱的长为 x，y，z，则问题就是在条件 $2(xy+yz+xz)=a^2$ 下求函数 $V=xyz$ 的最大值.

作拉格朗日函数

$$L(x, y, z)=xyz+\lambda(2xy+2yz+2xz-a^2).$$

解方程组

$$\begin{cases} \dfrac{\partial L}{\partial x}=yz+2\lambda(y+z)=0, \\[2mm] \dfrac{\partial L}{\partial y}=xz+2\lambda(x+z)=0, \\[2mm] \dfrac{\partial L}{\partial z}=xy+2\lambda(y+x)=0, \\[2mm] 2xy+2yz+2xz=a^2. \end{cases}$$

得

$$x=y=z=\frac{\sqrt{6}}{6}a.$$

这是唯一可能的极值点. 因为由问题本身可知最大值一定存在，所以最大值就在这个可能的极值点处取得，此时 $V=\dfrac{\sqrt{6}}{36}a^3$.

6.3.2 二元函数的最值

和一元函数类似，有界闭区域 D 上的二元连续函数 $f(x, y)$ 必定能取得最大值和最小值，但最大值或最小值可能在区域内部取得，也可能在区域边界取得．因此可以求出函数在区域内部的所有可能极值点，把这些点的函数值和区域边界上的最大值和最小值进行比较，其中最大的就是最大值，最小的就是最小值．在通常遇到的实际问题中，如果根据问题的性质，知道函数 $f(x, y)$ 的最大值（最小值）一定在 D 的内部取得，而函数在 D 内只有一个驻点，那么可以肯定该驻点处的函数值就是函数 $f(x, y)$ 在 D 上的最大值（最小值）．

例 6.26 某厂要用铁板做成一个体积为 $8\ \text{m}^3$ 的有盖长方体水箱．问：当长、宽、高各取多少时，用料最省？

解 设水箱的长为 x m，宽为 y m，则其高应为 $\dfrac{8}{xy}$ m．此水箱的表面积为

$$A = 2\left(xy + y \cdot \frac{8}{xy} + x \cdot \frac{8}{xy}\right) = 2\left(xy + \frac{8}{x} + \frac{8}{y}\right)(x > 0,\ y > 0).$$

令 $A_x = 2\left(y - \dfrac{8}{x^2}\right) = 0$，$A_y = 2\left(x - \dfrac{8}{y^2}\right) = 0$，得 $x = 2$，$y = 2$．

根据题意可知，水箱所用材料面积的最小值一定存在，并在开区域 D：$x > 0$，$y > 0$ 内取得．因为函数 A 在 D 内只有一个驻点，所以此驻点一定是 A 的最小值点，即当水箱的长为 2 m、宽为 2 m、高为 $\dfrac{8}{2 \times 2}$ m = 2 m 时，水箱所用的材料最省．

习题 6.3

1. 求下列函数的极值.
   (1) $f(x, y) = x^2 - xy + y^2 + 9x - 6y + 20$；
   (2) $f(x, y) = 4(x - y) - x^2 - y^2$；
   (3) $f(x, y) = (6x - x^2)(4y - y^2)$；
   (4) $f(x, y) = 2xy - 3x^2 - 2y^2$.

2. 在周长等于 $2a$ 的条件下，求出面积最大的矩形.

3. 设一个仓库的下半部是圆柱形，顶部是圆锥形，半径均为 6 m，总的表面积为 20 m²（不包括底面）．问：圆柱、圆锥的高各为多少时，仓库的容积最大？

4. 用拉格朗日乘数法计算下列各题.
   (1) 欲围一个面积为 60 m² 的矩形场地，正面所用材料每米造价 10 元，其余三面每米造价 5 元．求场地长、宽各多少米时，所用材料费最少？
   (2) 用 a 元购料，建造一个宽与深相同的长方体水池，已知四周的单位面积材料费为底面单位面积材料费的 1.2 倍．问：水池长与宽（深）各为多少时，容积最大？
   (3) 设生产某种产品的数量与所用两种原料 A、B 的数量 x、y 之间有关系式

$P(x, y) = 0.005x^2y$，欲用 150 元购料，已知 A、B 原料的单价分别为 1 元、2 元．问：购进这两种原料各多少时，生产的数量最多？

6.4 二重积分

由于实际问题的需要，我们将定积分的概念加以推广，建立二重积分的概念，并讨论其计算方法，我们只讨论二重积分在直角坐标系下的计算．

6.4.1 二重积分的概念与性质

6.4.1.1 二重积分的概念

1. 曲顶柱体的体积

设有一立体，它的底是 xOy 面上的闭区域 D，它的侧面是以 D 的边界曲线为准线而母线平行于 z 轴的柱面，它的顶部是曲面 $z = f(x, y)$，这里 $f(x, y) \geq 0$ 且在 D 上连续（图 6-19）．这种立体叫作曲顶柱体．现在我们来讨论如何计算曲顶柱体的体积．

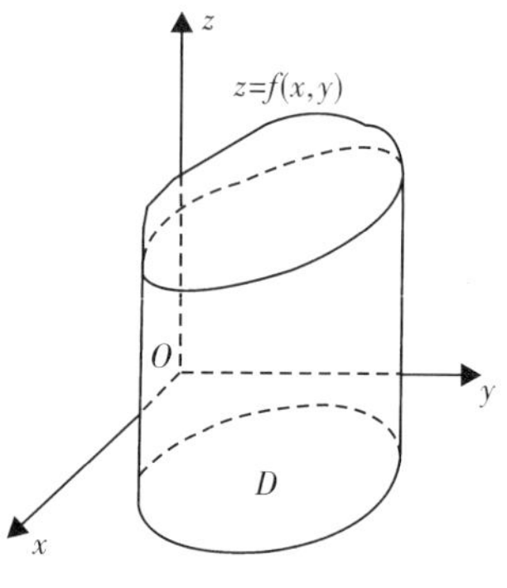

图 6-19

如果曲顶柱体的顶与 xOy 平行，其体积可以用公式体积 = 高×底面积来计算．当曲顶柱体的顶是曲面 $z = f(x, y)$，点 (x, y) 在区域 D 上变动时，高度 $f(x, y)$ 是个变量，因此其体积不能直接用上式来计算，但是我们可以仿照求曲边梯形面积的方法来计算曲顶柱体的体积．

第一步：分割．用一组曲线网把 D 分成 n 个小区域 $\Delta\sigma_1$，$\Delta\sigma_2$，$\cdots$，$\Delta\sigma_n$，其中，$\Delta\sigma_i$ 表示第 i 个小闭区域，也表示它的面积．分别以这些小闭区域的边界曲线为准线，作母线平行于 z 轴的柱面，这些柱面把原来的曲顶柱体分为 n 个小曲顶柱体．

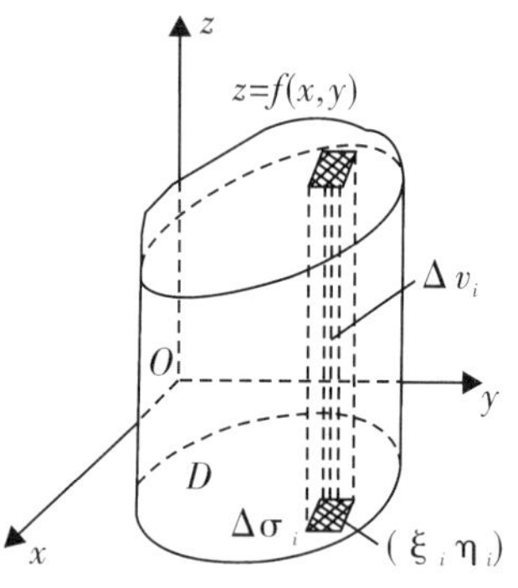

第二步：作近似．在每个 $\Delta\sigma_i$ 中任取一点 (ξ_i, η_i)，以 $f(\xi_i, \eta_i)$ 为高而底为 $\Delta\sigma_i$ 的平顶柱体的体积为 $f(\xi_i, \eta_i)\Delta\sigma_i$ $(i = 1, 2, \cdots, n)$（图 6-20），以此作为第 i 个小曲顶柱体体积 ΔV_i 的近似值，即

图 6-20

$$\Delta V_i \approx f(\xi_i, \eta_i)\Delta\sigma_i (i = 1, 2, \cdots, n).$$

第三步：求和．把 n 个小曲顶柱体体积的近似值相加得到曲顶柱体体积的近似值为

$$V = \sum_{i=1}^{n} \Delta V_i \approx \sum_{i=1}^{n} f(\xi_i, \eta_i)\Delta\sigma_i.$$

第四步：取极限．为求得曲顶柱体体积的精确值，将分割加密，只需取极限，即

$$V = \lim_{\lambda \to 0} \sum_{i=1}^{n} f(\xi_i, \eta_i) \Delta \sigma_i,$$

其中，λ 是 $\Delta \sigma_i (i = 1, 2, \cdots, n)$ 直径的最大值.

2. 平面薄片的质量

设有一质量非均匀分布的平面薄片，占有 xOy 面上的闭区域 D，它在点 (x, y) 处的面密度为 $\rho(x, y)$，这里 $\rho(x, y) \geqslant 0$ 且在 D 上连续. 现在要计算该薄片的质量 M，可以采用求曲顶柱体体积的方法来解决这一问题.

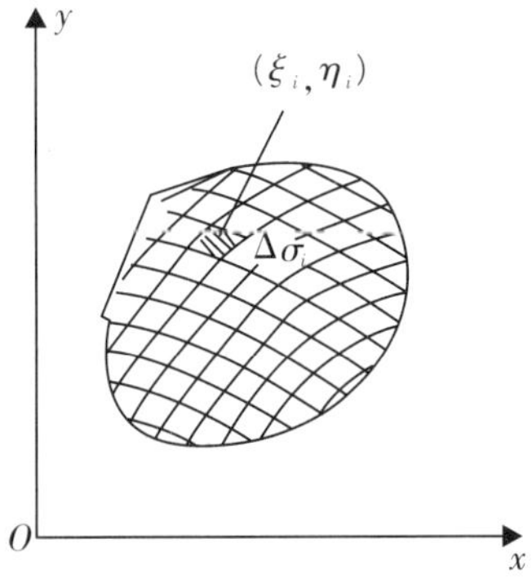

第一步：分割. 用一组曲线网把 D 分成 n 个小区域 $\Delta \sigma_1$，$\Delta \sigma_2$，$\cdots$，$\Delta \sigma_n$，其中，$\Delta \sigma_i$ 表示第 i 个小闭区域，也表示它的面积 (图 6 – 21).

第二步：作近似. 在每个 $\Delta \sigma_i$ 中任取一点 (ξ_i, η_i)，则 $\rho(\xi_i, \eta_i) \Delta \sigma_i (i = 1, 2, \cdots, n)$ 可以作为第 i 个小区域的小薄片的质量 ΔM_i 的近似值，即

$$\Delta M_i \approx \rho(\xi_i, \eta_i) \Delta \sigma_i (i = 1, 2, \cdots, n).$$

第三步：求和. 把 n 个小薄片的质量的近似值相加，得到整个薄片的质量的近似值为

$$M = \sum_{i=1}^{n} \Delta M_i \approx \sum_{i=1}^{n} \rho(\xi_i, \eta_i) \Delta \sigma_i.$$

第四步：取极限. 为求得薄片质量的精确值，将分割加细，取极限，得到平面薄片的质量

$$M = \lim_{\lambda \to 0} \sum_{i=1}^{n} \rho(\xi_i, \eta_i) \Delta \sigma_i,$$

其中，λ 是 $\Delta \sigma_i (i = 1, 2, \cdots, n)$ 直径的最大值.

上面两个问题的实际意义虽然不同，但所求量都归结为同一形式的和的极限，这种数学模型在研究其他实际问题时也会经常遇到，因此引进二重积分的概念.

定义 6.7　设 $f(x, y)$ 是有界区域 D 上的有界函数，将区域 D 任意分成 n 个小区域，用 $\Delta \sigma_i (i = 1, 2, \cdots, n)$ 代表第 i 个小区域，也代表它的面积，在每个 $\Delta \sigma_i$ 上任取一点 (ξ_i, η_i)，作乘积 $f(\xi_i, \eta_i) \Delta \sigma_i$，并求和 $\sum_{i=1}^{n} f(\xi_i, \eta_i) \Delta \sigma_i$，记 λ_i 表示 $\Delta \sigma_i$ 的直径，且 $\lambda = \max\{\lambda_1, \lambda_2, \cdots, \lambda_n\}$. 若极限 $\lim_{\lambda \to 0} \sum_{i=1}^{n} f(\xi_i, \eta_i) \Delta \sigma_i$ 存在，且与 D 的分割方法、(ξ_i, η_i) 的取法无关，则称 $f(x, y)$ 在平面区域 D 上**可积**，并称此极限为 $f(x, y)$ 在 D 上的**二重积分**，记作 $\iint\limits_{D} f(x, y) \mathrm{d}\sigma$，即

$$\iint\limits_{D} f(x, y) \mathrm{d}\sigma = \lim_{\lambda \to 0} \sum_{i=1}^{n} f(\xi_i, \eta_i) \Delta \sigma_i,$$

其中，$f(x, y)$ 称为被积函数，$\mathrm{d}\sigma$ 称为**面积微元**，$f(x, y) \mathrm{d}\sigma$ 称为**被积表达式**，D 称为**积分区域**，x 与 y 称为**积分变量**.

如果在直角坐标系中用平行于坐标轴的直线网来划分区域 D (图 6 – 22)，那么除了

图 6 – 21

包含边界点的一些小闭区域，其余的小闭区域都是矩形闭区域. 设矩形闭区域 $\Delta\sigma$ 的边长为 Δx 和 Δy，则 $\Delta\sigma = \Delta x \cdot \Delta y$，因此在直角坐标系中，面积微元 $\mathrm{d}\sigma$ 也可记作 $\mathrm{d}x\mathrm{d}y$，而把二重积分记作

$$\iint\limits_{D} f(x,\ y)\mathrm{d}x\mathrm{d}y.$$

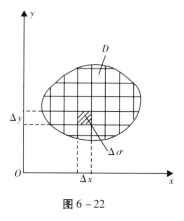

图 6 - 22

二重积分的几何意义是：当 $f(x,\ y) \geq 0$ 时，$\iint\limits_{D} f(x,\ y)\mathrm{d}\sigma$ 的值等于以曲面 $z = f(x,\ y)$ 为顶，以 D 为底，母线平行于 z 轴的曲顶柱体的体积. 当 $f(x,\ y) \leq 0$ 时，曲面 $z = f(x,\ y)$ 在 xOy 面的下方，此时积分为负，故相应的曲顶柱体的体积为 $V = -\iint\limits_{D} f(x,\ y)\mathrm{d}\sigma$.

6.4.1.2　二重积分的性质

比较定积分与二重积分的定义可知，二重积分与定积分有类似的性质，现叙述如下.

性质 6.1　被积函数的常数因子可以提到二重积分号的外面，即

$$\iint\limits_{D} kf(x,\ y)\mathrm{d}\sigma = k\iint\limits_{D} f(x,\ y)\mathrm{d}\sigma.$$

性质 6.2　函数的和(差)的积分等于积分的和(差)，即

$$\iint\limits_{D} [f(x,\ y) \pm g(x,\ y)]\mathrm{d}\sigma = \iint\limits_{D} f(x,\ y)\mathrm{d}\sigma \pm \iint\limits_{D} g(x,\ y)\mathrm{d}\sigma.$$

推论 6.1　设 c_1、c_2 为常数，则

$$\iint\limits_{D} [c_1 f(x,\ y) + c_2 g(x,\ y)]\mathrm{d}\sigma = c_1\iint\limits_{D} f(x,\ y)\mathrm{d}\sigma + c_2\iint\limits_{D} g(x,\ y)\mathrm{d}\sigma.$$

性质 6.3　若闭区域 D 被连续曲线分为两个闭区域 D_1 与 D_2(图 6 - 23)，则

$$\iint\limits_{D} f(x,\ y)\mathrm{d}\sigma = \iint\limits_{D_1} f(x,\ y)\mathrm{d}\sigma + \iint\limits_{D_2} f(x,\ y)\mathrm{d}\sigma.$$

性质 6.4　$\iint\limits_{D} 1 \cdot \mathrm{d}\sigma = \iint\limits_{D} \mathrm{d}\sigma = \sigma$($\sigma$ 为 D 的面积).

性质 6.5　若在 D 上，$f(x,\ y) \leq g(x,\ y)$，则

$$\iint\limits_{D} f(x,\ y)\mathrm{d}\sigma \leq \iint\limits_{D} g(x,\ y)\mathrm{d}\sigma.$$

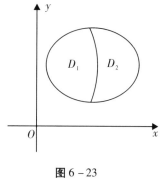

图 6 - 23

特殊地，有

$$\left| \iint\limits_{D} f(x,\ y)\mathrm{d}\sigma \right| \leq \iint\limits_{D} \left| f(x,\ y) \right| \mathrm{d}\sigma.$$

性质 6.6　设 M、m 分别是 $f(x,\ y)$ 在闭区域 D 上的最大值和最小值，σ 为 D 的面积，则

$$m\sigma \leqslant \iint\limits_{D} f(x, y)\,\mathrm{d}\sigma \leqslant M\sigma.$$

性质 6.7(二重积分的中值定理) 设函数 $f(x, y)$ 在有界闭区域 D 上连续，σ 为 D 的面积，则在 D 上至少存在一点 (ξ, η)，有

$$\iint\limits_{D} f(x, y)\,\mathrm{d}\sigma = f(\xi, \eta)\sigma.$$

例 6.27 设 D 是由 $y = \sqrt{4 - x^2}$ 与 $y = 0$ 所围的区域，则 $\iint\limits_{D}\mathrm{d}\sigma = 2\pi.$

例 6.28 估计 $I = \iint\limits_{D}\dfrac{\mathrm{d}\sigma}{\sqrt{x^2 + y^2 + 2xy + 16}}$ 的值，其中，D：$0 \leqslant x \leqslant 1$，$0 \leqslant y \leqslant 2.$

解 $f(x, y) = \dfrac{1}{\sqrt{(x + y)^2 + 16}}$，区域面积 $\sigma = 2.$

在 D 上，$f(x, y)$ 的最大值 $M = \dfrac{1}{4}$（当 $x = y = 0$ 时），$f(x, y)$ 的最小值 $m = \dfrac{1}{\sqrt{3^2 + 4^2}}$

$= \dfrac{1}{5}$（当 $x = 1$，$y = 2$ 时），故 $m \leqslant I \leqslant M \Rightarrow 0.4 \leqslant I \leqslant 0.5.$

6.4.2　计算二重积分

按照二重积分的定义来计算二重积分，对少数特别简单的被积函数和积分区域来说是可行的，但是对一般的函数和区域，这并不是一种切实可行的方法．下面介绍一种计算二重积分的方法，这种方法是把一个二重积分问题化为接连计算两个定积分的问题．

若积分区域 D 为

$$\varphi_1(x) \leqslant y \leqslant \varphi_2(x)，\ a \leqslant x \leqslant b,$$

其中，$\varphi_1(x)$，$\varphi_2(x)$ 是 $[a, b]$ 上的连续函数，$y = \varphi_1(x)$，$y = \varphi_2(x)$ 分别是 D 的下边界及上边界的方程，则称 D 为 x 型区域（图 6 – 24）．

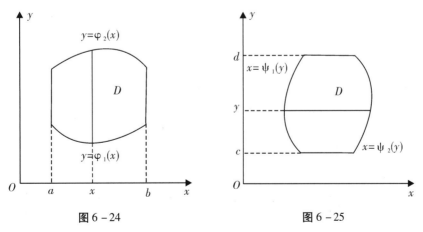

图 6 – 24　　　　　　　　　　图 6 – 25

x 型区域的特点是：垂直于 x 轴的直线 $x = x_0 (a < x_0 < b)$ 穿过区域 D，至多与区域的边界交于两点．

若积分区域 D 为

$$\psi_1(y) \le x \le \psi_2(y), \ c \le y \le d,$$

其中，$\psi_1(y)$，$\psi_2(y)$ 是 $[c, d]$ 上的连续函数，$x = \psi_1(y)$，$x = \psi_2(y)$ 分别是 D 的左边界及右边界的方程，则称 D 为 y 型区域(图 6-25).

y 型区域的特点是：垂直于 y 轴且穿过区域 D 的直线，最多与区域的边界交于两点.

如果积分区域(图 6-26)既有一部分使垂直于 x 轴且穿过区域 D 的直线与区域的边界相交多于两点，又有一部分使垂直于 y 轴且穿过区域 D 的直线与区域的边界相交多于两点，那么 D 既不是 x 型区域，也不是 y 型区域. 此时，可以用平行于坐标轴的直线把 D 分成几部分，使每部分是 x 型区域或者 y 型区域，如在图 6-26 中，把区域分成为三个部分.

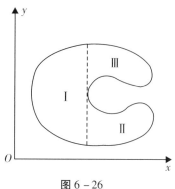

图 6-26

6.4.2.1　x 型区域

二重积分 $\iint\limits_{D} f(x, y)\mathrm{d}\sigma$ 在几何上表示以曲面 $z = f(x, y)$ 为顶，以区域 D 为底的曲顶柱体的体积.

以平行于 yOz 坐标面的平面 $x = x_0$ 去截曲顶柱体，得到的截面是以区间 $[\varphi_1(x_0), \varphi_2(x_0)]$ 为底、以曲线 $z = f(x_0, y)$ 为曲边的曲边梯形(图 6-27)，所以这截面的面积为

$$A(x_0) = \int_{\varphi_1(x_0)}^{\varphi_2(x_0)} f(x_0, y)\mathrm{d}y.$$

根据计算截面面积为已知的立体体积的方法，得曲顶柱体体积为

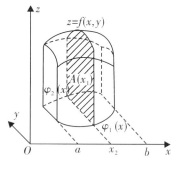

图 6-27

$$V = \int_a^b A(x)\mathrm{d}x = \int_a^b \left[\int_{\varphi_1(x)}^{\varphi_2(x)} f(x, y)\mathrm{d}y\right]\mathrm{d}x,$$

即

$$\iint\limits_{D} f(x, y)\mathrm{d}x\mathrm{d}y = \int_a^b \left[\int_{\varphi_1(x)}^{\varphi_2(x)} f(x, y)\mathrm{d}y\right]\mathrm{d}x, \tag{6-13}$$

可记为

$$\iint\limits_{D} f(x, y)\mathrm{d}x\mathrm{d}y = \int_a^b \mathrm{d}x \int_{\varphi_1(x)}^{\varphi_2(x)} f(x, y)\mathrm{d}y. \tag{6-14}$$

6.4.2.2　y 型区域

类似地，可得

$$\iint\limits_{D} f(x, y)\mathrm{d}x\mathrm{d}y = \int_c^d \left[\int_{\psi_1(y)}^{\psi_2(y)} f(x, y)\mathrm{d}x\right]\mathrm{d}y, \tag{6-15}$$

通常记为

$$\iint\limits_{D} f(x, y)\mathrm{d}\sigma = \int_c^d \mathrm{d}y \int_{\psi_1(y)}^{\psi_2(y)} f(x, y)\mathrm{d}x. \tag{6-16}$$

例 6.29　计算 $\iint\limits_D xy\mathrm{d}\sigma$，其中，$D$ 是由直线 $y=1$，$x=2$ 及 $y=x$ 所围成的闭区域.

解法 1　先画出积分区域 D［图 6-28(a)］. D 是 x 型区域，D 夹在直线 $x=1$，$x=2$ 之间，在区间 $[1,2]$ 上任意取定一个 x 值，过点 x 作垂直于 x 轴的直线，与区域 D 的边界 $y=1$ 及 $y=x$ 相交，这两个交点之间的直线段上点的纵坐标从 $y=1$ 变到 $y=x$. 因此，区域 D 可以用不等式表示为

$$1 \leqslant x \leqslant 2,\ 1 \leqslant y \leqslant x,$$

于是

$$\iint\limits_D xy\mathrm{d}\sigma = \int_1^2 \Big[\int_1^x xy\mathrm{d}y \Big]\mathrm{d}x = \int_1^2 \Big[x \cdot \frac{y^2}{2} \Big]_1^x \mathrm{d}x = \frac{1}{2}\int_1^2 (x^3 - x)\mathrm{d}x = \frac{1}{2}\Big[\frac{x^4}{4} - \frac{x^2}{2} \Big]_1^2 = \frac{9}{8}.$$

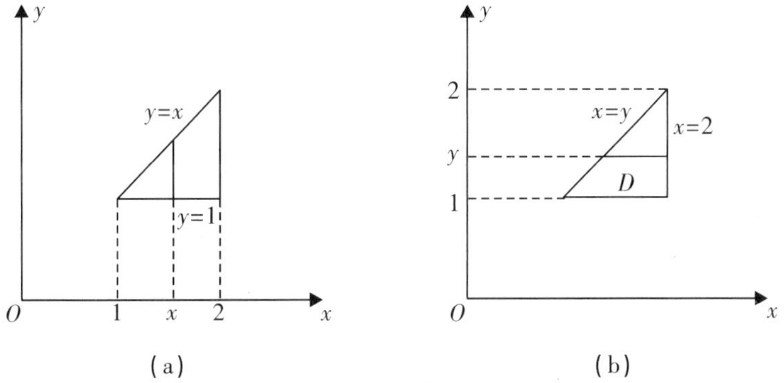

(a)　　　　　　　(b)

图 6-28

解法 2　画出积分区域 D［图 6-28(b)］. D 是 y 型，D 夹在直线 $y=1$，$y=2$ 之间，在区间 $[1,2]$ 上任意取定一个 y 值，过点 y 作垂直于 y 轴的直线，与区域 D 的边界 $x=y$ 及 $x=2$ 相交，这两个交点之间的直线段上点的纵坐标从 $x=y$ 变到 $x=2$. 因此，区域 D 可以用不等式表示为

$$1 \leqslant y \leqslant 2,\ y \leqslant x \leqslant 2,$$

于是

$$\iint\limits_D xy\mathrm{d}\sigma = \int_1^2 \Big(\int_y^2 xy\mathrm{d}x \Big)\mathrm{d}y = \int_1^2 \Big[y \cdot \frac{x^2}{2} \Big]_y^2 \mathrm{d}y = \int_1^2 \Big(2y - \frac{y^3}{2} \Big)\mathrm{d}y = \Big[y^2 - \frac{y^4}{8} \Big]_1^2 = \frac{9}{8}.$$

例 6.30　计算 $\iint\limits_D xy\mathrm{d}\sigma$，其中，$D$ 是由直线 $y=x-2$ 及抛物线 $y^2=x$ 所围成的闭区域.

解　画出积分区域 D，D 是 y 型的［图 6-29(a)］，可以用不等式表示为

$$-1 \leqslant y \leqslant 2,\ y^2 \leqslant x \leqslant y+2,$$

于是

$$\iint\limits_D xy\mathrm{d}\sigma = \int_{-1}^2 \mathrm{d}y \int_{y^2}^{y+2} xy\mathrm{d}x = \int_{-1}^2 \Big[\frac{x^2}{2}y \Big]_{y^2}^{y+2} \mathrm{d}y$$

$$= \frac{1}{2}\int_{-1}^2 \big[y(y+2)^2 - y^5 \big]\mathrm{d}y = \frac{1}{2}\Big[\frac{y^4}{4} + \frac{4}{3}y^3 + 2y^2 - \frac{y^6}{6} \Big]_{-1}^2 = \frac{45}{8}.$$

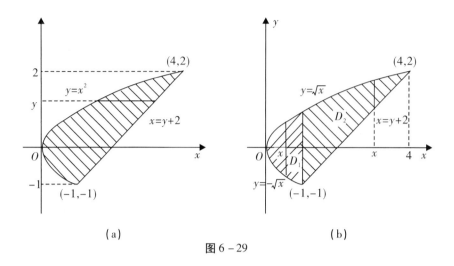

（a）   （b）

图 6 - 29

如果要先对 y 后对 x 积分，则可以把积分区域 D 分为两个 x 型区域 D_1 和 D_2［图 6 - 29（b）］，用不等式表示为

$$D_1: 0 \leqslant x \leqslant 1, \ -\sqrt{x} \leqslant y \leqslant \sqrt{x} \ ; \ D_2: 1 \leqslant x \leqslant 4, \ x - 2 \leqslant y \leqslant \sqrt{x}.$$

于是

$$\iint\limits_{D} xy \mathrm{d}\sigma = \int_0^1 \mathrm{d}x \int_{-\sqrt{x}}^{\sqrt{x}} xy \mathrm{d}y + \int_1^4 \mathrm{d}x \int_{x-2}^{\sqrt{x}} xy \mathrm{d}y = \frac{45}{8}.$$

例 6.31　计算二重积分 $\iint\limits_{D} x^2 y \mathrm{d}x \mathrm{d}y$，其中，区域 D 是由 $x = 0$，$y = 0$ 与 $x^2 + y^2 = 1$ 所围成的第一象限的图形.

解　画出积分区域 D（图 6 - 30），把 D 看作 x 型区域，用不等式表示为

$$0 \leqslant x \leqslant 1, \ 0 \leqslant y \leqslant \sqrt{1 - x^2},$$

于是

$$\iint\limits_{D} x^2 y \mathrm{d}x \mathrm{d}y = \int_0^1 \mathrm{d}x \int_0^{\sqrt{1-x^2}} x^2 y \mathrm{d}y$$

$$= \int_0^1 x^2 \left[\frac{y^2}{2} \right]_0^{\sqrt{1-x^2}} \mathrm{d}x$$

$$= \int_0^1 \frac{x^2}{2}(1 - x^2) \mathrm{d}x$$

$$= \frac{1}{2}\left[\frac{x^3}{3} - \frac{x^5}{5} \right]_0^1 = \frac{1}{15}.$$

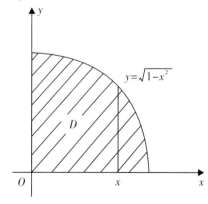

图 6 - 30

例 6.32　计算 $\iint\limits_{D} \mathrm{e}^{-y^2} \mathrm{d}x \mathrm{d}y$，其中，$D$ 是由 $y = 1$，$y = x$ 及 y 轴所围成的闭区域.

解　先画出积分区域（图 6 - 31），D 既是 x 型，又是 y 型. 若先对 y 积分，后对 x 积分，则

$$\iint_D e^{-y^2}dxdy = \int_0^1 dx \int_x^1 e^{-y^2}dy.$$

因为函数 e^{-y^2} 的原函数无法用初等函数表示, 所以累次积分无法进行.

先对 x 积分, 后对 y 积分, 则

$$\begin{aligned}
\iint_D e^{-y^2}dxdy &= \int_0^1 dy \int_0^y e^{-y^2}dx \\
&= \int_0^1 e^{-y^2}\left[x\right]_0^y dy \\
&= \int_0^1 y e^{-y^2}dy \\
&= -\frac{1}{2}\left[e^{-y^2}\right]_0^1 \\
&= \frac{1}{2}\left(1-\frac{1}{e}\right).
\end{aligned}$$

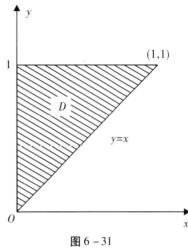

图 6 – 31

由以上几个例子可以看出, 在化二重积分为累次积分时, 要根据被积函数和积分区域的特点, 合理选择累次积分的次序.

习题 6.4

1. 设有一平面薄板(不计其厚度), 占有 xOy 面上的闭区域 D, 薄板上分布有面密度为 $\mu = \mu(x, y)$ 的电荷, 且 $\mu(x, y)$ 在 D 上连续, 试用二重积分表达该板上的全部电荷.

2. 利用二重积分的性质, 比较下列积分的大小.

(1) $\iint_D (x+y)^2 d\sigma$ 与 $\iint_D (x+y)^3 d\sigma$, 其中, 积分区域 D 是由圆 $(x-2)^2 + (y-1)^2 = 2$ 围成;

(2) $\iint_D \ln(x+y) d\sigma$ 与 $\iint_D \ln(x+y)^2 d\sigma$, 其中, 积分区域 D 是矩形区域: $3 \leq x \leq 5$, $0 \leq y \leq 1$.

3. 估计下列积分的值.

(1) $I = \iint_D xy(x+y) d\sigma$, 其中, 积分区域 D 是矩形区域: $0 \leq x \leq 1$, $0 \leq y \leq 1$;

(2) $I = \iint_D (x^2 + 4y^2 + 9) d\sigma$, 其中, 积分区域 D 是圆形区域: $x^2 + y^2 \leq 4$.

4. 画出积分区域, 并计算二重积分.

(1) $\iint_D x\cos(x+y) dxdy$, 其中, D 是顶点分别为 $(0, 0)$, $(\pi, 0)$ 和 (π, π) 的三角形区域;

(2) $\iint_D \sqrt{x} dxdy$, 其中, D 为 $x^2 + y^2 \leq x$;

（3）$\iint\limits_{D}(1+x)\sin y\mathrm{d}x\mathrm{d}y$，其中，$D$ 是顶点分别为 $(0,0)$，$(1,0)$ 和 $(1,2)$ 及 $(0,1)$ 的梯形区域；

（4）$\iint\limits_{D}(1-y)\mathrm{d}x\mathrm{d}y$，其中，$D$ 由 $x=y^2$ 和 $x+y=2$ 所围成的闭区域；

（5）$\iint\limits_{D}(x^2+y^2-x)\mathrm{d}x\mathrm{d}y$，其中，$D$ 是由直线 $y=2$，$y=x$ 及 $y=2x$ 所围成的区域；

（6）$\iint\limits_{D}xy\mathrm{d}x\mathrm{d}y$，其中，$D$ 是由曲线 $y=\sqrt{x}$，$y=x^2$ 所围成的区域；

（7）$\iint\limits_{D}x\sqrt{y}\mathrm{d}x\mathrm{d}y$，其中，$D$ 是由 $y=\sqrt{x}$，$y=x^2$ 所围成的区域.

5. 化二重积分 $\iint\limits_{D}f(x,y)\mathrm{d}x\mathrm{d}y$ 为累次积分（两种积分次序都要），其中，积分区域 D 为：

（1）由直线 $y=x$ 及抛物线 $y^2=4x$ 所围成的区域；

（2）以 $(0,0)$，$(1,0)$，$(1,1)$ 为顶点的三角形所围成的闭区域.

6. 设平面薄片所占的区域 D 由直线 $x+y=2$，$y=x$ 及 x 轴所围成，其面密度 $\rho(x,y)=x^2+y^2$，求该薄片的质量.

7. 利用二重积分计算下列曲线所围成的面积.

（1）$y=x^2$，$y=x+2$；

（2）$y=\sin x$，$y=\cos x$，$x=0$.

复习题 6

1. 选择题.

（1）二元函数 $z=\ln(-x-y)$ 的定义域为（　　）.

　　A. $x+y>0$　　　　B. $x+y<0$　　　　C. $x+y>1$　　　　D. $x+y<1$

（2）已知函数 $f(x,y)=3xy+y^2$，则 $f(x+y,xy)=$（　　）.

　　A. $3(x+y)xy+x^2y^2$　　　　　　　　B. $x+y+x^2y^2$

　　C. x^2+y^2　　　　　　　　　　　　D. $3xy+y^2$

（3）设 $f(x,y)=x+(y-1)\sin x$，则 $f_x(1,1)=$（　　）.

　　A. 0　　　　　　B. 1　　　　　　C. 2　　　　　　D. -1

（4）函数 $z=f(x,y)$ 在点 (x,y) 可微是函数在该点的偏导数 $\dfrac{\partial z}{\partial x}$ 及 $\dfrac{\partial z}{\partial y}$ 存在的（　　）.

　　A. 充分条件　　　　　　　　　　　B. 必要条件

　　C. 充要条件　　　　　　　　　　　D. 无关条件

（5）函数 $f(x,y)=x^3-y^3+3x^2+3y^2-9x$ 在驻点 $(-3,0)$ 处（　　）.

　　A. 取得极大值　　　　　　　　　　B. 取得极小值

　　C. 不取得极值　　　　　　　　　　D. 无法判断是否取得极值

2. 填空题.

(1) 函数 $z = \sqrt{1 - x^2} + \sqrt{y^2 - 1}$ 的定义域为＿＿＿＿＿＿＿＿.

(2) 设函数 $f(x, y) = 3xy - xy^2$，则 $f(2, -1) = $＿＿＿＿＿＿＿＿.

(3) 设 $z = e^{xy} + yx^2$，则 $\dfrac{\partial z}{\partial x} = $＿＿＿＿＿＿＿＿.

(4) 设 $z = x\ln(x + y)$，则 $\dfrac{\partial^2 z}{\partial x^2} = $＿＿＿＿＿＿＿＿.

(5) 设 $z = e^{x^2 + y^2}$，则 $\mathrm{d}z = $＿＿＿＿＿＿＿＿.

(6) $\displaystyle\int_0^1 \mathrm{d}y \int_y^1 6x\mathrm{d}x = $＿＿＿＿＿＿＿＿.

(7) 设 $u = \left(\dfrac{x}{y}\right)^z$，则 $\dfrac{\partial^2 u}{\partial z \partial y} = $＿＿＿＿＿＿＿＿.

3. 求下列函数的偏导数.

(1) $z = (1 + xy)^y$，求 $\dfrac{\partial z}{\partial x}$ 及 $\dfrac{\partial z}{\partial y}$；

(2) 设 $z = x\ln xy$，求 $\dfrac{\partial^3 z}{\partial x^2 \partial y}$ 和 $\dfrac{\partial^3 z}{\partial x \partial y^2}$.

4. 求下列复合函数的偏导数.

(1) $z = u^2 \ln v$，$u = \dfrac{x}{y}$，$v = 3x - 2y$，求 $\dfrac{\partial z}{\partial x}$ 及 $\dfrac{\partial z}{\partial y}$；

(2) $z = \dfrac{y}{x}$，$x = e^t$，$y = 1 - e^{2t}$，求 $\dfrac{\mathrm{d}z}{\mathrm{d}t}$.

5. 求函数 $z = x^2 + y^2 + 1$ 的极值.

6. 在半径为 a 的半球内，内接一长方体，问：各边长多少时，其体积为最大？

7. 将二重积分 $\displaystyle\iint_D f(x, y)\mathrm{d}x\mathrm{d}y$ 化为累次积分（写出两种积分次序），其中，D 是由 x 轴，$y = \ln x$ 及 $x = e$ 围成的区域.

附录一　参考答案

第1章

习题 1.1

1. （1）$y = -\dfrac{1}{2}x + \dfrac{3}{2}(x \in \mathbf{R})$；　　　　　（2）$y = -\dfrac{2}{x}(x \in \mathbf{R}$，且 $x \neq 0)$；

（3）$y = (x-1)^2 (x \geqslant 1)$.

2. （1）$\dfrac{\pi}{6}$；（2）$\dfrac{3}{4}\pi$；（3）$-\dfrac{\pi}{6}$.

3. （1）$y = \sqrt{u}$，$u = \sin x$；（2）$y = \ln u$，$u = \cos v$，$v = 5x$.

习题 1.2

1. 2%.　　2. 7.　　3. 36234.　　4. （1）0；（2）没有极限；（3）1.

习题 1.3

1. （1）11；（2）0；（3）0；（4）1；（5）1；（6）$-\infty$；（7）0.

习题 1.4

1. （1）1；（2）$\dfrac{1}{4}$；（3）3；（4）$-\dfrac{5}{3}$；（5）$\dfrac{2}{5}$；（6）0；（7）-1；（8）$\dfrac{1}{4}$.

习题 1.5

1. （1）$\dfrac{3}{5}$；（2）4；（3）-1；（4）1；（5）5；（6）2；（7）$\dfrac{\sqrt{2}}{8}$.

2. （1）$e^{\frac{1}{2}}$；（2）e；（3）e^{-1}；（4）e^3；（5）e^{-2}；（6）e

习题 1.6

1. （1）无穷大；（2）无穷小；（3）无穷小；（4）无穷小.

2. （1）当 $x \to -1$ 或 $x \to 1$ 时为无穷大，当 $x \to -3$ 时为无穷小；（2）当 $x \to +0$ 或 $x \to +\infty$ 时为无穷大，当 $x \to 1$ 时为无穷小；（3）当 $x \to 0$ 时为无穷大；（4）当 $x \to -\infty$ 时为无穷大，当 $x \to +\infty$ 时为无穷小；（5）当 $x \to \dfrac{\pi}{2}$ 或 $x \to \dfrac{3\pi}{2}$ 时为无穷大，当 $x \to \pi$ 时为无穷小；（6）当 $x \to 0^-$ 时为无穷小，当 $x \to 0^+$ 时为无穷大.

3. (1) 0；(2) 0；(3) 0.

4. 当 $x \to 1$ 时，$1 - x$ 与 $1 - \sqrt[3]{x}$ 是同阶无穷小.

5. (1) a/b；(2) 6；(3) 15；(4) 3/2.

习题 1.7

1. 1.　　2. (1) 2；(2) $\dfrac{1}{2}$.

复习题 1

1. (1) -2；(2) $4e^2$；(3) $\dfrac{2}{\pi}$；(4) -1；(5) $\dfrac{1}{12}$；(6) $\dfrac{4}{3}$；

(7) $\sqrt{2}$；(8) $-\dfrac{1}{2}$；(9) 0；(10) ∞；(11) 12；(12) $-\dfrac{1}{2}$.

2. $a = 0$；$b = 6$.

3. $a = 2$；$b = -2$.

第2章

习题 2.1

1. (1) 4；(2) 4；(3) 1/2；(4) 2；(5) $\lim\limits_{x \to x_0} \dfrac{f(x) - f(x_0)}{x \to x_0}$；(6) $\cos t$

2. (1) C；(2) A；(3) B.

3. (1) $6x^5$；(2) $\dfrac{2}{3\sqrt[3]{x}}$；(3) $-\dfrac{1}{3x\sqrt[3]{x}}$；(4) $\dfrac{13}{6}x\sqrt[6]{x}$；(5) $\dfrac{1}{x\ln 2}$；(6) $3^x \ln 3$.

4. (1) $x + y - 2 = 0$；$x - y = 0$；(2) $12x - y - 16 = 0$；$x + 12y - 98 = 0$.

习题 2.2

1. (1) 1；(2) 0；(3) $\dfrac{1}{x}$；

2. (1) C；(2) B；(3) C；(4) A.

3. (1) $3x^2 - 6x + 4$；

(2) $-\dfrac{20}{x^6} - \dfrac{28}{x^5} + \dfrac{2}{x^2}$；

(3) $15x^2 - 2^x \ln 2 + 3e^x$；

(4) $2\cos x - \sin x$；

(5) $\dfrac{1}{x} - \dfrac{2}{x\ln 10} + \dfrac{3}{x\ln 2}$；

(6) $3e^x + 2\cos x + 5\sin x$；

(7) $4 + \dfrac{4}{x^3}$；

(8) $x^{-\frac{1}{2}} + \dfrac{3}{x} - 6e^x$；

(9) $-2 - 42x$；

(10) $e^x\left(\ln x + \dfrac{1}{x}\right)$；

(11) $e^x \sin x + e^x \cos x$；

(12) $\ln x + 1$；

(13) $\dfrac{1 - \ln x}{x^2}$；

(14) $(\theta + 1)e^\theta$；

(15) $\dfrac{\sin t - \cos t + 1}{(1 + \sin t)^2}$;　　　　(16) $\dfrac{2x - x^2}{\mathrm{e}^x}$.

4. (1) $-2\sin\left(2x + \dfrac{\pi}{5}\right)$;　　　　(2) $3\sin(4 - 3x)$;

(3) $\dfrac{2x}{1 + x^2}$;　　　　(4) $\sin 2x$;

(5) $3(1 + \sin x)^2 \cos x$;　　　　(6) $6x(x^2 + 1)^2$;

(7) $-3\tan 3x$;　　　　(8) $\mathrm{e}^{\sin x^2}\cos x^2 \cdot 2x$;

(9) $\mathrm{e}^{x^2}(1 + 2x^2)$;　　　　(10) $-6\sin 3x \cos 3x$;

(11) $-\tan x$;　　　　(12) $\dfrac{1}{x\ln x}$.

5. (1) $\dfrac{2}{x^3} + 2^x(\ln 2)^2$;　　　　(2) $-2\sin x - x\cos x$;

(3) $y''(0) = 2$;　　　　(4) $y''\big|_{x = \frac{\pi}{4}} = -\dfrac{\sqrt{2}}{2}$.

习题 2.3

1. (1) $\left(\cos x + \dfrac{1}{x}\right)\mathrm{d}x$;　(2) $(\cos 2x - 2x\sin 2x)\mathrm{d}x$;　(3) $\dfrac{1}{\sqrt{(x^2 + 1)^3}}\mathrm{d}x$;

(4) $\dfrac{2}{x}\ln x\,\mathrm{d}x$;　(5) $\dfrac{\ln 5}{1 + x^2}5^{\arctan x}\mathrm{d}x$;　(6) $\mathrm{e}^x(\sin^2 x + \sin 2x)\mathrm{d}x$.

2. (1) $-\dfrac{1}{x}$;　(2) $2\sqrt{x}$;　(3) $\tan x$;　(4) $\ln x$

3. (1) 0.03 ;　(2) 1.0067 .

4. 1130.979 mm^2 .

习题 2.4

1. (1) $\dfrac{10}{3}$;　　(2) $\ln a - \ln b$;　　(3) $\dfrac{\cos a}{2a}$;　　(4) $-\dfrac{1}{2}$;

(5) 2 ;　　(6) 0 ;　　(7) $\dfrac{1}{3}$;　　(8) $\dfrac{1}{2}$.

习题 2.5

1. (1) 在$(-\infty, 0)$、$(2, +\infty)$内单调递增，在$(0, 2)$内单调递减；

(2) 在$(-\infty, 1)$内单调递增，在$(1, +\infty)$内单调递减；

(3) 在$(-\infty, -1)$和$(-1, 0)$内单调递减，在$(0, +\infty)$内单调递增；

(4) 在$(0, +\infty)$内单调递增，在$(-1, 0)$内单调递减；

(5) 在$(-\infty, +\infty)$内单调递增；

(6) 在$(-\infty, -2)$和$(0, +\infty)$内单调递增，在$(-2, -1)$和$(-1, 0)$内单调递减.

2. (1) 极大值$y(-2) = 25$，极小值$y(1) = -2$.

(2) 极大值 $y(0) = -2$，极小值 $y(2) = 2$；

3. $a = -\dfrac{2}{3}$，$b = -\dfrac{1}{6}$，在 $x = 1$ 处取得极小值，在 $x = 2$ 处取得极大值.

4. (1) 最大值 $y(1) = 1$，最小值 $y(0) = y(2) = 0$；

　　(2) 最大值 $y(3) = 11$，最小值 $y(2) = -14$；

　　(3) 最大值 $y(1) = y(-1) = \dfrac{1}{e}$，最小值 $y(0) = 0$.

5. 长 18 m，宽 12 m.

6. 底边长 6 m，高 3 m.

7. 正方形周长 $\dfrac{4l}{\pi + 4}$.

8. $r = \sqrt{\dfrac{2}{3}}R, h = \dfrac{2}{\sqrt{3}}R$.

9. 7500 台.

10. $\dfrac{x_1 + x_2 + \cdots + x_n}{n}$.

11. $b = 10\sqrt{3}$（cm），$h = 10\sqrt{6}$（cm）.

习题 2.6

1. (1) 25；(2) $10 - q$；(3) 0.

2. (1) 9.5 元；　　(2) 22 元.

3. 250.

4. $R(50) = 9\,975$，$\bar{R} = 199.5$，　$R'(50) = 199$.

5. $C' = \dfrac{1}{\sqrt{q}}$，$R' = \dfrac{5}{(1+q)^2}$，$L' = \dfrac{5}{(1+q)^2} - \dfrac{1}{\sqrt{q}}$.

6. $\eta(x) = 3x$，$\eta(2) = 6$.

7. $\eta(40) = 4$.

8. (1) $\dfrac{x(2ax + b)}{ax^2 + bx + c}$；　　(2) $(b\ln a)x$；　　(3) $x + 1$；　　(4) $a - bx$；

　　(5) $\dfrac{bx}{c(x+a)^2 - b(x+a)}$.

9. (1) $-\dfrac{p}{4}$；　　(2) $\eta(3) = -0.75$，$\eta(4) = 1$，$\eta(5) = -1.25$.

复习题 2

1. (1) $\cos x - \dfrac{1}{x^2} + \dfrac{1}{x\ln a}$；　　(2) $\dfrac{3\sqrt{x}}{2} + \dfrac{1}{2\sqrt{x}} - 1$；　　(3) $\dfrac{2}{\sin 2x}$.

　　(4) $n\sin^{n-1}x\cos(n+1)x$；　　(5) $y' = \dfrac{2 + 4x - 2x^2}{(x^2+1)^2}$；

2. (1) $-2\cos2x$; (2) $-\csc^2x$; (3) $\dfrac{-a^2}{(a^2-x^2)^{3/2}}$; (4) $-\dfrac{1+x^2}{(1-x^2)^2}$.

3. (1) $-e^{-x}(\cos2x+2\sin2x)dx$; (2) $\dfrac{2x}{\sqrt{1-(x^2)^2}}dx$.

4. (1) 1 ; (2) $\dfrac{1}{2}$; (3) $-\dfrac{1}{2}$; (4) $\dfrac{3}{2}$; (5) $\dfrac{1}{2}$.

5. 156250 元.

第3章

习题3.1

2. (1) $2e^x+3\sin x-x+c$; (2) $\dfrac{2}{5}x^{\frac{5}{2}}+x+6\sqrt{x}+c$;

(3) $-\dfrac{4}{x}+\dfrac{4}{3}x+\dfrac{1}{27}x^3+c$; (4) $\arcsin x+c$;

(5) $-\dfrac{1}{x}+\arctan x+c$; (6) $\dfrac{2}{7}x^{\frac{7}{2}}+\dfrac{1}{3}x^3-\dfrac{2}{3}x^{\frac{3}{2}}-x+c$;

(7) $\dfrac{2^x}{8\ln2}+c$; (8) $e^x-2\sqrt{x}+c$;

(9) $\sin x-\cos x+c$; (10) e^x-x+c .

3. $y=\ln x$.

习题3.2

1. (1) $\dfrac{1}{10}(2x+5)^5+C$; (2) $-\dfrac{1}{2}(1-3x)^{\frac{2}{3}}+C$; (3) $\dfrac{a^{4x}}{4\ln a}+C$;

(4) $\ln(1+e^x)+C$; (5) $\dfrac{1}{20}(2x^2-3)^5+C$; (6) $-\dfrac{1}{4}(1-3x^2)^{\frac{2}{3}}+C$;

(7) $\cos\dfrac{1}{x}+C$; (8) $\dfrac{1}{6}(1+4\ln x)^{\frac{3}{2}}+C$; (9) $\dfrac{1}{3}\sin(3x+1)+C$;

(10) $\sin e^x+C$; (11) $2\ln|1+\sqrt{x}|+C$; (12) $2\arctan\sqrt{2x-1}+C$.

习题3.3

1. (1) $-e^{-x}(x+1)+C$; (2) $-x\cos x+\sin x+C$;

(3) $x(\ln x-1)+C$; (4) $x^2\sin x+2x\cos x-2\sin x+C$;

(5) $\left(\dfrac{x^3}{3}-\dfrac{x^2}{2}+x\right)\ln x-\left(\dfrac{x^3}{9}-\dfrac{x^2}{4}+x\right)+C$;

(6) $\dfrac{1}{2}e^x(\sin x-\cos x)+C$.

习题3.4

1. (1) $\dfrac{1}{2}\arctan\dfrac{x+1}{2}+C$; (2) $\ln|x-2+\sqrt{x^2-4x+5}|+C$;

(3) $\left(\dfrac{x^2}{2}-1\right)\arcsin\dfrac{x}{2}+\dfrac{x}{4}\sqrt{4-x^2}+C$;

(4) $\dfrac{1}{4}x(x^2-1)\sqrt{x^2-2}-\dfrac{1}{2}\ln|x+\sqrt{x^2-2}|+C$;

(5) $\dfrac{1}{8}\cos^3 2x\sin 2x+\dfrac{3}{16}\cos 2x\sin 2x+\dfrac{3}{16}x+C$;

(6) $\dfrac{x}{18(x^2+9)}+\dfrac{1}{54}\arctan\dfrac{x}{3}+C$;　(7) $\dfrac{1}{5}e^{2x}(\sin x+2\cos x)+C$;

(8) $\dfrac{1}{2}\arctan\left(\dfrac{1}{2}\tan\dfrac{x}{2}\right)+C$.

复习题3

1. (1) $\dfrac{2}{3}x\sqrt{x}+\dfrac{6}{5}\sqrt[6]{x^5}+C$;　(2) $-(1-2x)^{\frac{1}{2}}+C$;

(3) $-\dfrac{1}{3\sin^3 x}+C$;　(4) $-\dfrac{1}{4(1+x^2)^2}+C$;　(5) $\ln|x+\sin x|+C$;

(6) $\dfrac{1}{2}\arctan\dfrac{e^x}{2}+C$;　(7) $\ln|\csc x-\cot x|+\cos x+C$;　(8) $-\dfrac{1}{\ln x}+C$;

(9) $2\arctan\sqrt{1+x}+C$;　(10) $\dfrac{\sqrt{1+x^2}}{2}+C$;

(11) $-\dfrac{\ln x}{x}-\dfrac{1}{x}+C$;　(12) $\dfrac{1}{3}e^x(\cos 2x+2\sin 2x)+C$.

第4章

习题4.1

1. $A=\displaystyle\int_{-1}^{2}(x^2+1)\,dx$.

2. (1) $\displaystyle\int_{0}^{1}x^2\,dx\geqslant\int_{0}^{1}x^3\,dx$; (2) $\displaystyle\int_{e}^{4}\ln x\,dx\leqslant\int_{e}^{4}(\ln x)^2\,dx$; (3) $\displaystyle\int_{-\frac{\pi}{2}}^{0}\sin x\,dx\leqslant\int_{0}^{\frac{\pi}{2}}\sin x\,dx$;

(4) $\displaystyle\int_{0}^{2}3x\,dx\leqslant\int_{0}^{3}3x\,dx$.

3. (1) $4\leqslant\displaystyle\int_{0}^{4}(x^2+1)\,dx\leqslant 68$; (2) $0\leqslant\displaystyle\int_{0}^{\frac{\pi}{2}}\sin x\,dx\leqslant\dfrac{\pi}{2}$.

习题4.2

1. (1) $\dfrac{3}{2}$; (2) $\dfrac{\pi}{2}$; (3) 1 ; (4) $\dfrac{80}{3}$; (5) $\dfrac{3e-1}{1+\ln 3}$; (6) 10 .

2. 3 .

习题4.3

1. (1) 1 ; (2) 0 ; (3) $\dfrac{3}{2}$; (4) $e-\sqrt{e}$; (5) $2(\cos 1-\cos 2)$; (6) $\dfrac{3}{2}\ln\dfrac{5}{2}$.

2. (1) 2；(2) $\dfrac{8}{3}$；(3) 0；(4) $\dfrac{2}{3}$．

习题4.4

(1) $\dfrac{\pi}{2} - 1$；(2) $\dfrac{2}{9}e^3 + \dfrac{1}{9}$；(3) $8\ln2 - 4$．

习题4.5

(1) $\dfrac{1}{3}$；(2) 发散；(3) $\dfrac{1}{2}$；(4) 发散；(5) 发散；(6) -1；(7) 1；(8) π．

习题4.6

1. (1) 4；(2) 1；(3) $\dfrac{32}{3}$；(4) $e + e^{-1} - 2$；(5) $\dfrac{3}{2} - \ln2$；(6) $\dfrac{7}{6}$；(7) $\dfrac{9}{2}$．

2. (1) $\dfrac{\pi}{5}$，$\dfrac{\pi}{2}$；(2) 8π；(3) $\dfrac{\pi}{2}$；(4) $\dfrac{8}{5}\pi$，2π；(5) $\dfrac{48\pi}{5}$，$\dfrac{24}{5}\pi$．

复习题4

1. (1) $\dfrac{\sqrt{3}}{2} - \dfrac{\pi}{6}$；(2) $\dfrac{\pi}{4} - \dfrac{1}{3}$；(3) 12；(4) $\dfrac{5}{12}(4^{\frac{6}{5}} - 1)$；(5) $4\ln2 - \dfrac{3}{2}$；

   (6) $7 + 2\ln2$．

2. (1) $\dfrac{1}{2}$；(2) 发散；(3) 1；(4) 2．

3. (1) $\dfrac{8}{3}$；(2) $\dfrac{32}{3}$；(3) $\dfrac{9}{2}$；(4) $\dfrac{2}{3}$．

4. (1) $\dfrac{\pi}{7}$，$\dfrac{2\pi}{5}$；(2) $\pi(e - 2)$；(3) $\dfrac{\pi^2}{2}$；(4) $\dfrac{512}{15}\pi$，8π．

第5章

习题5.1

1. (1) 1 阶；(2) 2 阶；(3) 3 阶；(4) 1 阶．
2. (1) 通解；(2) 特解．
3. (1) $y = Cx$；　　　　　　　　　　(2) $e^y = C - e^{-x}$；
   (3) $y = \sin(x + C)$；　　　　　　(4) $y = 4\sqrt{2}\sin x$．
4. (1) $y = Ce^{-x} + e^x$；　　　　　　(2) $y = \cos x(C - 2\cos x)$；
   (3) $y = \dfrac{e^x + C}{x}$；　　　　　　(4) $y = 5x - 2$．

习题5.2

1. (1)(2)(4)线性无关．
2. 略．
3. (1) $y = C_1 e^{3x} + C_2 e^{4x}$；　　　　(2) $y = C_1 e^{-x} + C_2 e^{-3x}$；
   (3) $y = (C_1 + C_2 x) e^{-3x}$；　　　　(4) $y = (C_1 + C_2 x) e^{\frac{x}{2}}$；

（5）$y = e^{-3x}(C_1\cos2x + C_2\sin2x)$；　　（6）$y = e^x\left(C_1\cos\dfrac{x}{2} + C_2\sin\dfrac{x}{2}\right)$；

（7）$x = (C_1 + C_2 t)e^{\frac{5}{2}t}$.

4. （1）$y = 4e^x + 2e^{3x}$；　　　　　　　　（2）$y = (x + 2)e^{-\frac{x}{2}}$；

（3）$y = 2\cos2x + 3\sin2x$.

习题 5. 3

1. （1）$y = \dfrac{1}{6}x^3 - \sin x + C_1 x + C_2$；

（2）$y = x\arctan x - \dfrac{1}{2}\ln(1 + x^2) + C_1 x + C_2$；

（3）$y = \dfrac{1}{24}x^4 + \dfrac{1}{8}e^{2x} + \dfrac{1}{4}x^2 + \dfrac{3}{4}x + \dfrac{7}{8}$.

2. （1）$y = C_1 e^x - \dfrac{1}{2}x^2 - x + C_2$；

（2）$y = C_1\ln|x| + \dfrac{1}{9}x^3 + \dfrac{3}{4}x^2 + 2x + C_2$；

（3）$y = x^3 + 3x + 1$.

3. （1）$C_1 y - 1 = e^{C_1(x + C_2)}$；

（2）$y = \tan\left(x + \dfrac{\pi}{4}\right)$；

（3）$e^{2y} = 1 - x$.

习题 5. 4

1. $x = y(2 - 2\ln y)$.

2. $v(t) = \dfrac{mg}{k}\left(1 - e^{\frac{k}{m}t}\right)$.

3. $L = \dfrac{b + 1}{a} - x + \left(L_0 - \dfrac{b + 1}{a}\right)e^{-ax}$.

复习题 5

1. （1）C；（2）C；（3）D.

2. （1）三阶；　（2）$y = C_1\sin x + C_2\cos x$；　（3）$y = e^{-\int p(x)\mathrm{d}x}\left(\int e^{\int p(x)\mathrm{d}x}q(x)\mathrm{d}x + C\right)$.

3. （1）$y = C\sin x - 3$；

（2）$y = C_1 e^x + C_2 e^{-3x}$；

（3）$y = Ce^{x^2} - 3$；

（4）$x = \dfrac{1}{2}y^3 + Cy$；

（5）$y = -\ln|\cos(x + C_1)| + C_2$.

4. （1）$y = 2\cos5x + \sin5x$；

（2）$y = \arcsin x$；

（3）$y = \ln \dfrac{e^x + e^{-x}}{2}$.

5. $x = \dfrac{mg}{k}t - \dfrac{m^2 g}{k^2}(1 - e^{-\frac{k}{m}t})$

第6章

习题6.1

1. 略.

2. （1）$\sqrt{29}$；（2）$3\sqrt{5}$.

3. （1）$(2, 3, 4)$；（2）$(-2, 3, 4)$；（3）$(-2, -3, 4)$.

4. 略.

5. $t^2 f(x, y)$.

6. $2(x - y)^2 + 3xy$.

7. （1）$\{(x, y) \mid y > -x\}$；（2）$\{(x, y) \mid x > 0, y > 0\}$；

   （3）$\{(x, y) \mid x \geqslant 0, y \geqslant 0, x^2 \geqslant y\}$.

8. 略.

习题6.2

1. $f_x(1, 0) = 2$, $f_y(1, 0) = 1$；

2. （1）$\dfrac{\partial z}{\partial x} = 3x^2 y - y^3$, $\dfrac{\partial z}{\partial y} = x^3 - 3xy^2$；

   （2）$\dfrac{\partial z}{\partial x} = y + \dfrac{1}{y}$, $\dfrac{\partial z}{\partial y} = x - \dfrac{x}{y^2}$；

   （3）$\dfrac{\partial z}{\partial x} = \dfrac{1}{2x\sqrt{\ln xy}}$, $\dfrac{\partial z}{\partial y} = \dfrac{1}{2y\sqrt{\ln xy}}$；

   （4）$\dfrac{\partial z}{\partial x} = y(\cos xy - \sin 2xy)$, $\dfrac{\partial z}{\partial y} = x(\cos xy - \sin 2xy)$；

   （5）$\dfrac{\partial s}{\partial u} = \dfrac{1}{v} - \dfrac{v}{u^2}$, $\dfrac{\partial s}{\partial v} = \dfrac{1}{u} - \dfrac{u}{v^2}$；

   （6）$\dfrac{\partial u}{\partial x} = 4x\cos(x^2 + y^2 + z^2)$, $\dfrac{\partial u}{\partial y} = 4y\cos(x^2 + y^2 + z^2)$, $\dfrac{\partial u}{\partial z} = 4z\cos(x^2 + y^2 + z^2)$.

3. 略.

4. $f_{xx}(0, 0, 1) = 2$, $f_{xz}(1, 0, 2) = 2$, $f_{yz}(0, -1, 0) = 0$.

5. （1）$\dfrac{\partial^2 z}{\partial x^2} = 12x^2 - 8y^2$, $\dfrac{\partial^2 z}{\partial y^2} = 12y^2 - 8x^2$, $\dfrac{\partial^2 z}{\partial x \partial y} = -16xy$；

   （2）$\dfrac{\partial^2 z}{\partial x^2} = 2y(2y - 1)x^{2y-2}$, $\dfrac{\partial^2 z}{\partial y^2} = 4x^{2y}(\ln x)^2$, $\dfrac{\partial^2 z}{\partial x \partial y} = \dfrac{\partial^2 z}{\partial y \partial x} = 2x^{2y-1}(2y\ln x + 1)$；

   （3）$\dfrac{\partial^2 z}{\partial x^2} = y^x \ln^2 y$, $\dfrac{\partial^2 z}{\partial y^2} = x(x - 1)y^{x-2}$, $\dfrac{\partial^2 z}{\partial x \partial y} = \dfrac{\partial^2 z}{\partial y \partial x} = y^{x-1}(1 + x\ln y)$.

6. $\dfrac{4}{13}dx + \dfrac{6}{13}dy$.

7. （1）$\left(2y + \dfrac{2x}{y}\right)dx + \left(2x - \dfrac{x^2}{y^2}\right)dy$；（2）$e^{xy}(ydx + xdy)$；

$\quad$（3）$-\dfrac{2x}{(x^2 + y^2)^{\frac{3}{2}}}(ydx - xdy)$；

$\quad$（4）$y\cos(x + y)dx + [\sin(x + y) + y\cos(x + y)]dy$；

$\quad$（5）$du = \dfrac{2}{x^2 + y^2 + z^2}(xdx + ydy + zdz)$；

$\quad$（6）$x^{yz}\left(\dfrac{yz}{x}dx + z\ln xdy + y\ln xdz\right)$.

8. （1）$\dfrac{\partial z}{\partial x} = 4x,\ \dfrac{\partial z}{\partial y} = 4y$；

$\quad$（2）$\dfrac{\partial z}{\partial x} = \dfrac{1}{y}\left[\ln(x + y) + \dfrac{x}{x + y}\right],\ \dfrac{\partial z}{\partial y} = \dfrac{x}{y}\left[\dfrac{1}{x + y} - \dfrac{\ln(x + y)}{y}\right]$；

$\quad$（3）$\dfrac{dz}{dt} = e^{\sin t - 2t^3}(\cos t - 6t^2)$；（4）$\cos(x + y + z)(rs + 1 + s + r)$.

习题 6.3

1. （1）极小值 $f(-4, 1) = -1$；（2）极大值 $f(2, -2) = 8$；
$\quad$（3）极大值 $f(3, 2) = 36$；（4）极大值 $f(0, 0) = 0$.

2. 长为 $\dfrac{a}{2}$，宽为 $\dfrac{a}{2}$ 时对应最大面积为 $\dfrac{a^2}{4}$.

3. 圆柱高 $\left(\dfrac{50}{3\pi} - \dfrac{9\sqrt{5}}{5}\right)$ m，圆锥高 $\dfrac{12\sqrt{5}}{5}$ m.

4. （1）长为 $2\sqrt{10}$ m，宽为 $3\sqrt{10}$ m；（2）长为 $\dfrac{4}{17}\sqrt{\dfrac{5a}{m}}$ m，深为 $\dfrac{1}{6}\sqrt{\dfrac{5a}{m}}$ m.
$\quad$（3）$A,\ B$ 分别为 $100,\ 25$.

习题 6.4

1. $\iint\limits_{D}\mu(x,y)d\sigma$.

2. （1）$\iint\limits_{D}(x + y)^2d\sigma \leqslant \iint\limits_{D}(x + y)^3d\sigma$；（2）$\iint\limits_{D}\ln(x + y)d\sigma \leqslant \iint\limits_{D}\ln(x + y)^2d\sigma$.

3. （1）$0 \leqslant I \leqslant 2$；（2）$36\pi \leqslant I \leqslant 100\pi$.

4. （1）$-\dfrac{3}{2}\pi$；（2）$\dfrac{2}{3}$；（3）$\dfrac{3}{2} + \cos 1 + \sin 1 - \cos 2 - 2\sin 2$；（4）$\dfrac{27}{4}$；

$\quad$（5）$\dfrac{13}{6}$；（6）$\dfrac{1}{12}$；（7）$\dfrac{6}{55}$.

5. （1）$\displaystyle\int_0^4 dx\int_x^{2\sqrt{x}}f(x,y)dy$ 或 $\displaystyle\int_0^4 dy\int_{\frac{1}{4}y^2}^{y}f(x,y)dx$；

（2）$\int_0^1 dx \int_0^x f(x,y) dy$ 或 $\int_0^1 dy \int_y^1 f(x,y) dx$.

6. $\dfrac{4}{3}$.

7. （1）$\dfrac{9}{2}$；（2）$\sqrt{2}-1$.

复习题 6

1. （1）B；（2）A；（3）B；（4）A；（5）C.

2. （1）$\{(x,y) \mid |x| \leqslant 1, |y| \geqslant 1\}$；（2）$-8$；（3）$ye^{xy}+2xy$；（4）$\dfrac{x+2y}{(x+y)^2}$；

   （5）$2e^{x^2+y^2}(xdx+ydy)$；（6）2；（7）$-\left(\dfrac{x}{y}\right)^z\left(\dfrac{1}{y}+\dfrac{z}{y}\ln\dfrac{x}{y}\right)$.

3. （1）$\dfrac{\partial z}{\partial x}=y^2(1+xy)^{y-1}$，$\dfrac{\partial z}{\partial y}=(1+xy)^y\left[\ln(1+xy)+\dfrac{xy}{1+xy}\right]$；

   （2）$\dfrac{\partial^3 z}{\partial x^2 \partial y}=0$，$\dfrac{\partial^3 z}{\partial x \partial y^2}=-\dfrac{1}{y^2}$.

4. （1）$\dfrac{\partial z}{\partial x}=\dfrac{2x}{y^2}\ln(3x-2y)+\dfrac{3x^2}{y^2(3x-2y)}$，$\dfrac{\partial z}{\partial y}=-\dfrac{2x^2}{y^3}\ln(3x-2y)-\dfrac{2x^2}{y^2(3x-2y)}$；

   （2）$\dfrac{dz}{dt}=-(e^t+e^{-t})$.

5. 极小值 $z \big|_{(0,0)}=1$.

6. 长、宽、高分别为 $\dfrac{2\sqrt{3}}{3}a$，$\dfrac{2\sqrt{3}}{3}a$，$\dfrac{\sqrt{3}}{3}a$.

7. $\int_1^e dx \int_0^{\ln x} f(x,y) dy$，$\int_0^1 dy \int_{e^y}^e f(x,y) dx$.

附录二 基本初等函数表

	函　数	定义域与值域	图　像	特　性
常数函数	$y = c$ （c 为常数）	$x \in (-\infty, +\infty)$ $y \in \{c\}$		图像过点 $(0, c)$，为平行于 Ox 轴的一条直线
幂函数	$y = x^{\alpha}$ （$\alpha \in \mathbf{R}$）	x 随 α 而定，但在 $(0, +\infty)$ 内总有定义，y 随 α 而定		(1) 图像过点 $(1, 1)$； (2) 当 $\alpha > 0$ 时函数在 $(0, +\infty)$ 内单调递增，当 $\alpha < 0$ 时函数在 $(0, +\infty)$ 内单调递减
指数函数	$y = a^x$ （$a > 0$，$a \neq 1$）	$x \in (-\infty, +\infty)$ $y \in (0, +\infty)$		(1) 图像在 x 轴的上方，且都过点 $(0, 1)$； (2) 当 $a > 1$ 时函数单调递增，当 $0 < a < 1$ 时函数单调递减
对数函数	$y = \log_a x$ （$a > 0$，$a \neq 1$）	$x \in (0, +\infty)$ $y \in (-\infty, +\infty)$		(1) 图像在 y 轴的右侧，且都过点 $(1, 0)$； (2) 当 $a > 1$ 时，函数单调递增，当 $0 < a < 1$ 时，函数单调递减

	函　数	定义域与值域	图　像	特　性
三角函数	正弦函数 $y = \sin x$	$x \in (-\infty, +\infty)$ $y \in [-1, 1]$		是以 2π 为周期的奇函数，图像在两直线 $y = -1$ 与 $y = 1$ 之间
	余弦函数 $y = \cos x$	$x \in (-\infty, +\infty)$ $y \in [-1, 1]$		是以 2π 为周期的偶函数，图像在两直线 $y = -1$ 与 $y = 1$ 之间
	正切函数 $y = \tan x$	$x \neq k\pi + \dfrac{\pi}{2}$ $(k \in \mathbf{Z})$ $y \in (-\infty, +\infty)$		是以 π 为周期的奇函数，在 $\left(k\pi - \dfrac{\pi}{2}, k\pi + \dfrac{\pi}{2}\right)$ 内单调递增
	余切函数 $y = \cot x$	$x \neq k\pi (k \in \mathbf{Z})$ $y \in (-\infty, +\infty)$		是以 π 为周期的奇函数，在 $(k\pi, k\pi + \pi)$ 内单调递减

	函　数	定义域与值域	图　像	特　性
反三角函数	反正弦函数	$y = \arcsin x$	$x \in [-1,1]$ $y \in \left[-\dfrac{\pi}{2}, \dfrac{\pi}{2}\right]$		奇函数，单调递增，有界
	反余弦函数	$y = \arccos x$	$x \in [-1,1]$ $y \in [0,\pi]$		单调递减，有界
	反正切函数	$y = \arctan x$	$x \in (-\infty, +\infty)$ $y \in \left(-\dfrac{\pi}{2}, \dfrac{\pi}{2}\right)$		奇函数，单调递增，有界
	反余切函数	$y = \text{arccot}\, x$	$x \in (-\infty, +\infty)$ $y \in (0,\pi)$		单调递减，有界

附录三　常用三角公式

1. 加法定理

$$\sin(\alpha \pm \beta) = \sin\alpha\cos\beta \pm \cos\alpha\sin\beta ;$$
$$\cos(\alpha \pm \beta) = \cos\alpha\cos\beta \pm \sin\alpha\sin\beta ;$$
$$\tan(\alpha \pm \beta) = \frac{\tan\alpha \pm \tan\beta}{1 \mp \tan\alpha\tan\beta} .$$

2. 二倍角公式

$$\sin2\alpha = 2\sin\alpha\cos\alpha ;$$
$$\cos2\alpha = \cos^2\alpha - \sin^2\alpha = 2\cos^2\alpha - 1 = 1 - 2\sin^2\alpha ;$$
$$\tan2\alpha = \frac{2\tan\alpha}{1 - \tan^2\alpha} .$$

3. 半角公式

$$\sin\frac{\alpha}{2} = \pm\sqrt{\frac{1 - \cos\alpha}{2}} ;$$
$$\cos\frac{\alpha}{2} = \pm\sqrt{\frac{1 + \cos\alpha}{2}} ;$$
$$\tan\frac{\alpha}{2} = \pm\sqrt{\frac{1 - \cos\alpha}{1 + \cos\alpha}} = \frac{1 - \cos\alpha}{\sin\alpha} = \frac{\sin\alpha}{1 + \cos\alpha} .$$

4. 积化和差公式

$$\sin\alpha\cos\beta = \frac{1}{2}\left[\sin(\alpha + \beta) + \sin(\alpha - \beta)\right] ;$$
$$\cos\alpha\sin\beta = \frac{1}{2}\left[\sin(\alpha + \beta) - \sin(\alpha - \beta)\right] ;$$
$$\cos\alpha\cos\beta = \frac{1}{2}\left[\cos(\alpha + \beta) + \cos(\alpha - \beta)\right] ;$$
$$\sin\alpha\sin\beta = -\frac{1}{2}\left[\cos(\alpha + \beta) - \cos(\alpha - \beta)\right] .$$

5. 和差化积公式

$$\sin A + \sin B = 2\sin\frac{A + B}{2}\cos\frac{A - B}{2} ;$$
$$\sin A - \sin B = 2\cos\frac{A + B}{2}\sin\frac{A - B}{2} ;$$

$$\cos A + \cos B = 2\cos\frac{A+B}{2}\cos\frac{A-B}{2};$$

$$\cos A - \cos B = -2\sin\frac{A+B}{2}\sin\frac{A-B}{2}.$$

6. 同角正弦、余弦和公式

$a\sin\alpha + b\cos\alpha = \sqrt{a^2+b^2}\sin(\alpha+\varphi)$ 其中, φ 由 $\tan\varphi = \dfrac{b}{a}$ 和点 (a, b) 所在的象

限确定.

附录四　积分表

（一）含有 $ax + b$ 的积分

1. $\int \dfrac{\mathrm{d}x}{ax + b} = \dfrac{1}{a}\ln|ax + b| + C$

2. $\int (ax + b)^{\mu}\mathrm{d}x = \dfrac{1}{a(\mu + 1)}(ax + b)^{\mu + 1} + C(\mu \neq -1)$

3. $\int \dfrac{x}{ax + b}\mathrm{d}x = \dfrac{1}{a^2}(ax + b - b\ln|ax + b|) + C$

4. $\int \dfrac{x^2}{ax + b}\mathrm{d}x = \dfrac{1}{a^3}\left[\dfrac{1}{2}(ax + b)^2 - 2b(ax + b) + b^2\ln|ax + b|\right] + C$

5. $\int \dfrac{\mathrm{d}x}{x(ax + b)} = -\dfrac{1}{b}\ln\left|\dfrac{ax + b}{x}\right| + C$

6. $\int \dfrac{\mathrm{d}x}{x^2(ax + b)} = -\dfrac{1}{bx} + \dfrac{a}{b^2}\ln\left|\dfrac{ax + b}{x}\right| + C$

7. $\int \dfrac{x}{(ax + b)^2}\mathrm{d}x = \dfrac{1}{a^2}\left(\ln|ax + b| + \dfrac{b}{ax + b}\right) + C$

8. $\int \dfrac{x^2}{(ax + b)^2}\mathrm{d}x = \dfrac{1}{a^3}\left(ax + b - 2b\ln|ax + b| - \dfrac{b^2}{ax + b}\right) + C$

9. $\int \dfrac{\mathrm{d}x}{x(ax + b)^2} = \dfrac{1}{b(ax + b)} - \dfrac{1}{b^2}\ln\left|\dfrac{ax + b}{x}\right| + C$

（二）含有 $\sqrt{ax + b}$ 的积分

10. $\int \sqrt{ax + b}\,\mathrm{d}x = \dfrac{2}{3a}\sqrt{(ax + b)^3} + C$

11. $\int x\sqrt{ax + b}\,\mathrm{d}x = \dfrac{2}{15a^2}(3ax - 2b)\sqrt{(ax + b)^3} + C$

12. $\int x^2\sqrt{ax + b}\,\mathrm{d}x = \dfrac{2}{105a^3}(15a^2x^2 - 12abx + 8b^2)\sqrt{(ax + b)^3} + C$

13. $\int \dfrac{x}{\sqrt{ax + b}}\mathrm{d}x = \dfrac{2}{3a^2}(ax - 2b)\sqrt{ax + b} + C$

14. $\int \dfrac{x^2}{\sqrt{ax + b}}\mathrm{d}x = \dfrac{2}{15a^3}(3a^2x^2 - 4abx + 8b^2)\sqrt{ax + b} + C$

15. $\displaystyle\int \frac{\mathrm{d}x}{x\sqrt{ax+b}} = \begin{cases} \dfrac{1}{\sqrt{b}}\ln\left|\dfrac{\sqrt{ax+b}-\sqrt{b}}{\sqrt{ax+b}+\sqrt{b}}\right| + C, & b > 0 \\[3mm] \dfrac{2}{\sqrt{-b}}\arctan\sqrt{\dfrac{ax+b}{-b}} + C, & b < 0 \end{cases}$

16. $\displaystyle\int \frac{\mathrm{d}x}{x^2\sqrt{ax+b}} = -\frac{\sqrt{ax+b}}{bx} - \frac{a}{2b}\int \frac{\mathrm{d}x}{x\sqrt{ax+b}}$

17. $\displaystyle\int \frac{\sqrt{ax+b}}{x}\mathrm{d}x = 2\sqrt{ax+b} + b\int \frac{\mathrm{d}x}{x\sqrt{ax+b}}$

18. $\displaystyle\int \frac{\sqrt{ax+b}}{x^2}\mathrm{d}x = -\frac{\sqrt{ax+b}}{x} + \frac{a}{2}\int \frac{\mathrm{d}x}{x\sqrt{ax+b}}$

（三）含有 $x^2 \pm a^2$ 的积分

19. $\displaystyle\int \frac{\mathrm{d}x}{x^2+a^2} = \frac{1}{a}\arctan\frac{x}{a} + C$

20. $\displaystyle\int \frac{\mathrm{d}x}{(x^2+a^2)^n} = \frac{x}{2(n-1)a^2(x^2+a^2)^{n-1}} + \frac{2n-3}{2(n-1)a^2}\int \frac{\mathrm{d}x}{(x^2+a^2)^{n-1}}$

21. $\displaystyle\int \frac{\mathrm{d}x}{x^2-a^2} = \frac{1}{2a}\ln\left|\frac{x-a}{x+a}\right| + C$

（四）含有 $ax^2+b(a>0)$ 的积分

22. $\displaystyle\int \frac{\mathrm{d}x}{ax^2+b} = \begin{cases} \dfrac{1}{\sqrt{ab}}\arctan\sqrt{\dfrac{a}{b}}x + C, & b > 0, \\[3mm] \dfrac{1}{2\sqrt{-ab}}\ln\left|\dfrac{\sqrt{a}x-\sqrt{-b}}{\sqrt{a}x+\sqrt{-b}}\right| + C, & b < 0 \end{cases}$

23. $\displaystyle\int \frac{x}{ax^2+b}\mathrm{d}x = \frac{1}{2a}\ln|ax^2+b| + C$

24. $\displaystyle\int \frac{x^2}{ax^2+b}\mathrm{d}x = \frac{x}{a} - \frac{b}{a}\int \frac{\mathrm{d}x}{ax^2+b}$

25. $\displaystyle\int \frac{\mathrm{d}x}{x(ax^2+b)} = \frac{1}{2b}\ln\frac{x^2}{|ax^2+b|} + C$

26. $\displaystyle\int \frac{\mathrm{d}x}{x^2(ax^2+b)} = -\frac{1}{bx} - \frac{a}{b}\int \frac{1}{ax^2+b}\mathrm{d}x$

27. $\displaystyle\int \frac{\mathrm{d}x}{(ax^2+b)^2} = \frac{x}{2b(ax^2+b)} + \frac{1}{2b}\int \frac{1}{ax^2+b}\mathrm{d}x$

（五）含有 $ax^2+bx+c(a>0)$ 的积分

28. $\displaystyle\int \frac{\mathrm{d}x}{ax^2+bx+c} = \begin{cases} \dfrac{2}{\sqrt{4ac-b^2}}\arctan\dfrac{2ax+b}{\sqrt{4ac-b^2}} + C, & b^2 < 4ac, \\[3mm] \dfrac{1}{\sqrt{b^2-4ac}}\ln\dfrac{2ax+b-\sqrt{b^2-4ac}}{2ax+b+\sqrt{b^2-4ac}} + C, & b^2 > 4ac \end{cases}$

29. $\int \dfrac{x}{ax^2 + bx + c} dx = \dfrac{1}{2a} \ln |ax^2 + bx + c| - \dfrac{b}{2a} \int \dfrac{1}{ax^2 + bx + c} dx + C$

(六)含有 $\sqrt{x^2 + a^2}\,(a > 0)$ 的积分

30. $\int \dfrac{dx}{\sqrt{x^2 + a^2}} = \ln(x + \sqrt{x^2 + a^2}) + C$

31. $\int \dfrac{dx}{\sqrt{(x^2 + a^2)^3}} = \dfrac{x}{a^2 \sqrt{x^2 + a^2}} + C$

32. $\int \dfrac{x}{\sqrt{x^2 + a^2}} dx = \sqrt{x^2 + a^2} + C$

33. $\int \dfrac{x}{\sqrt{(x^2 + a^2)^3}} dx = -\dfrac{1}{\sqrt{x^2 + a^2}} + C$

34. $\int \dfrac{x^2}{\sqrt{x^2 + a^2}} dx = \dfrac{x}{2} \sqrt{x^2 + a^2} - \dfrac{a^2}{2} \ln(x + \sqrt{x^2 + a^2}) + C$

35. $\int \dfrac{x^2}{\sqrt{(x^2 + a^2)^3}} dx = -\dfrac{x}{\sqrt{x^2 + a^2}} + \ln(x + \sqrt{x^2 + a^2}) + C$

36. $\int \dfrac{dx}{x \sqrt{x^2 + a^2}} = \dfrac{1}{a} \ln \dfrac{\sqrt{x^2 + a^2} - a}{|x|} + C$

37. $\int \dfrac{dx}{x^2 \sqrt{x^2 + a^2}} = -\dfrac{\sqrt{x^2 + a^2}}{a^2 x} + C$

38. $\int \sqrt{x^2 + a^2}\, dx = \dfrac{x}{2} \sqrt{x^2 + a^2} + \dfrac{a^2}{2} \ln(x + \sqrt{x^2 + a^2}) + C$

39. $\int \sqrt{(x^2 + a^2)^3}\, dx = \dfrac{x}{8}(2x^2 + 5a^2) \sqrt{x^2 + a^2} + \dfrac{3a^4}{8} \ln(x + \sqrt{x^2 + a^2}) + C$

40. $\int x \sqrt{x^2 + a^2}\, dx = \dfrac{1}{3} \sqrt{(x^2 + a^2)^3} + C$

41. $\int x^2 \sqrt{x^2 + a^2}\, dx = \dfrac{x}{8}(2x^2 + a^2) \sqrt{x^2 + a^2} - \dfrac{a^4}{8} \ln(x + \sqrt{x^2 + a^2}) + C$

42. $\int \dfrac{\sqrt{x^2 + a^2}}{x} dx = \sqrt{x^2 + a^2} + a \ln \dfrac{\sqrt{x^2 + a^2} - a}{|x|} + C$

43. $\int \dfrac{\sqrt{x^2 + a^2}}{x^2} dx = -\dfrac{\sqrt{x^2 + a^2}}{x} + \ln(x + \sqrt{x^2 + a^2}) + C$

(七)含有 $\sqrt{x^2 - a^2}\,(a > 0)$ 的积分

44. $\int \dfrac{dx}{\sqrt{x^2 - a^2}} = \ln \left| x + \sqrt{x^2 - a^2} \right| + C$

45. $\int \dfrac{dx}{\sqrt{(x^2 - a^2)^3}} = -\dfrac{x}{a^2 \sqrt{x^2 - a^2}} + C$

46. $\int \dfrac{x}{\sqrt{x^2-a^2}}\,\mathrm{d}x = \sqrt{x^2-a^2} + C$

47. $\int \dfrac{x}{\sqrt{(x^2-a^2)^3}}\,\mathrm{d}x = -\dfrac{1}{\sqrt{x^2-a^2}} + C$

48. $\int \dfrac{x^2}{\sqrt{x^2-a^2}}\,\mathrm{d}x = \dfrac{x}{2}\sqrt{x^2-a^2} + \dfrac{a^2}{2}\ln\left|x+\sqrt{x^2-a^2}\right| + C$

49. $\int \dfrac{x^2}{\sqrt{(x^2-a^2)^3}}\,\mathrm{d}x = -\dfrac{x}{\sqrt{x^2-a^2}} + \ln\left|x+\sqrt{x^2-a^2}\right| + C$

50. $\int \dfrac{\mathrm{d}x}{x\sqrt{x^2-a^2}} = \dfrac{1}{a}\arccos\dfrac{a}{|x|} + C$

51. $\int \dfrac{\mathrm{d}x}{x^2\sqrt{x^2-a^2}} = \dfrac{\sqrt{x^2-a^2}}{a^2 x} + C$

52. $\int \sqrt{x^2-a^2}\,\mathrm{d}x = \dfrac{x}{2}\sqrt{x^2-a^2} - \dfrac{a^2}{2}\ln\left|x+\sqrt{x^2-a^2}\right| + C$

53. $\int \sqrt{(x^2-a^2)^3}\,\mathrm{d}x = \dfrac{x}{8}(2x^2-5a^2)\sqrt{x^2-a^2} + \dfrac{3a^4}{8}\ln(x+\sqrt{x^2-a^2}) + C$

54. $\int x\sqrt{x^2-a^2}\,\mathrm{d}x = \dfrac{1}{3}\sqrt{(x^2-a^2)^3} + C$

55. $\int x^2\sqrt{x^2-a^2}\,\mathrm{d}x = \dfrac{x}{8}(2x^2-a^2)\sqrt{x^2-a^2} - \dfrac{a^4}{8}\ln(x+\sqrt{x^2-a^2}) + C$

56. $\int \dfrac{\sqrt{x^2-a^2}}{x}\,\mathrm{d}x = \sqrt{x^2-a^2} - a\arccos\dfrac{a}{|x|} + C$

57. $\int \dfrac{\sqrt{x^2-a^2}}{x^2}\,\mathrm{d}x = -\dfrac{\sqrt{x^2-a^2}}{x} + \ln(x+\sqrt{x^2-a^2}) + C$

（八）含有 $\sqrt{a^2-x^2}\,(a>0)$ 的积分

58. $\int \dfrac{\mathrm{d}x}{\sqrt{a^2-x^2}} = \arcsin\dfrac{x}{a} + C$

59. $\int \dfrac{\mathrm{d}x}{\sqrt{(a^2-x^2)^3}} = -\dfrac{x}{a^2\sqrt{a^2-x^2}} + C$

60. $\int \dfrac{x}{\sqrt{a^2-x^2}}\,\mathrm{d}x = -\sqrt{a^2-x^2} + C$

61. $\int \dfrac{x}{\sqrt{(a^2-x^2)^3}}\,\mathrm{d}x = \dfrac{1}{\sqrt{a^2-x^2}} + C$

62. $\int \dfrac{x^2}{\sqrt{a^2-x^2}}\,\mathrm{d}x = -\dfrac{x}{2}\sqrt{a^2-x^2} + \dfrac{a^2}{2}\arcsin\dfrac{x}{a} + C$

63. $\int \dfrac{x^2}{\sqrt{(a^2-x^2)^3}}\,\mathrm{d}x = \dfrac{x}{\sqrt{a^2-x^2}} - \arcsin\dfrac{x}{a} + C$

64. $\int \dfrac{dx}{x\sqrt{a^2 - x^2}} = \dfrac{1}{a}\ln\dfrac{a - \sqrt{a^2 - x^2}}{|x|} + C$

65. $\int \dfrac{dx}{x^2\sqrt{a^2 - x^2}} = -\dfrac{\sqrt{a^2 - x^2}}{a^2 x} + C$

66. $\int \sqrt{a^2 - x^2}\, dx = \dfrac{x}{2}\sqrt{a^2 - x^2} + \dfrac{a^2}{2}\arcsin\dfrac{x}{a} + C$

67. $\int \sqrt{(a^2 - x^2)^3}\, dx = \dfrac{x}{8}(5a^2 - 2x^2)\sqrt{a^2 - x^2} + \dfrac{3a^4}{8}\arcsin\dfrac{x}{a} + C$

68. $\int x\sqrt{a^2 - x^2}\, dx = -\dfrac{1}{3}\sqrt{(a^2 - x^2)^3} + C$

69. $\int x^2\sqrt{a^2 - x^2}\, dx = \dfrac{x}{8}(2x^2 - a^2)\sqrt{a^2 - x^2} + \dfrac{a^4}{8}\arcsin\dfrac{x}{a} + C$

70. $\int \dfrac{\sqrt{a^2 - x^2}}{x}\, dx = \sqrt{a^2 - x^2} + a\ln\dfrac{a - \sqrt{a^2 - x^2}}{|x|} + C$

71. $\int \dfrac{\sqrt{a^2 - x^2}}{x^2}\, dx = -\dfrac{\sqrt{a^2 - x^2}}{x} - \arcsin\dfrac{x}{a} + C$

(九)含有 $\sqrt{\pm ax^2 + bx + c}\,(a > 0)$ 的积分

72. $\int \dfrac{dx}{\sqrt{ax^2 + bx + c}} = \dfrac{1}{\sqrt{a}}\ln(2ax + b + 2\sqrt{a}\sqrt{ax^2 + bx + c}) + C$

73. $\int \sqrt{ax^2 + bx + c}\, dx = \dfrac{2ax + b}{4a}\sqrt{ax^2 + bx + c}$

$\qquad + \dfrac{4ac - b^2}{8\sqrt{a^3}}\ln(2ax + b + 2\sqrt{a}\sqrt{ax^2 + bx + c}) + C$

74. $\int \dfrac{x}{\sqrt{ax^2 + bx + c}}\, dx = \dfrac{1}{a}\sqrt{ax^2 + bx + c}$

$\qquad - \dfrac{b}{2\sqrt{a^3}}\ln(2ax + b + 2\sqrt{a}\sqrt{ax^2 + bx + c}) + C$

75. $\int \dfrac{dx}{\sqrt{c + bx - ax^2}} = \dfrac{1}{\sqrt{a}}\arcsin\dfrac{2ax - b}{\sqrt{b^2 + 4ac}} + C$

76. $\int \sqrt{c + bx - ax^2}\, dx = \dfrac{2ax - b}{4a}\sqrt{c + bx - ax^2} + \dfrac{b^2 + 4ac}{8\sqrt{a^3}}\arcsin\dfrac{2ax - b}{\sqrt{b^2 + 4ac}} + C$

77. $\int \dfrac{x}{\sqrt{c + bx - ax^2}}\, dx = -\dfrac{1}{a}\sqrt{c + bx - ax^2} + \dfrac{b}{2\sqrt{a^3}}\arcsin\dfrac{2ax - b}{\sqrt{b^2 + 4ac}} + C$

(十)含有 $\sqrt{\dfrac{a \pm x}{b \pm x}}$ 或 $\sqrt{(x - a)(x - b)}$ 的积分

78. $\int \sqrt{\dfrac{x + a}{x + b}}\, dx = \sqrt{(x + a)(x + b)} + (a - b)\ln(\sqrt{x + a} + \sqrt{x + b}) + C$

79. $\int \sqrt{\dfrac{a-x}{b-x}}\,\mathrm{d}x = -\sqrt{(a-x)(b-x)} + (b-a)\ln(\sqrt{a-x} + \sqrt{b-x}) + C$

80. $\int \sqrt{\dfrac{b-x}{x-a}}\,\mathrm{d}x = \sqrt{(x-a)(b-x)} + (b-a)\arcsin\sqrt{\dfrac{x-a}{b-a}} + C\,(a<b)$

81. $\int \sqrt{\dfrac{x-a}{b-x}}\,\mathrm{d}x = -\sqrt{(x-a)(b-x)} + (b-a)\arcsin\sqrt{\dfrac{x-a}{b-a}} + C\,(a<b)$

82. $\int \dfrac{\mathrm{d}x}{\sqrt{(x-a)(b-x)}} = 2\arcsin\sqrt{\dfrac{x-a}{b-a}} + C\,(a<b)$

（十一）含有三角函数的积分

83. $\int \sin x\,\mathrm{d}x = -\cos x + C$

84. $\int \cos x\,\mathrm{d}x = \sin x + C$

85. $\int \tan x\,\mathrm{d}x = -\ln|\cos x| + C$

86. $\int \cot x\,\mathrm{d}x = \ln|\sin x| + C$

87. $\int \sec x\,\mathrm{d}x = \ln|\sec x + \tan x| + C$

88. $\int \csc x\,\mathrm{d}x = \ln|\csc x - \cot x| + C$

89. $\int \sec^2 x\,\mathrm{d}x = \tan x + C$

90. $\int \csc^2 x\,\mathrm{d}x = -\cot x + C$

91. $\int \sec x\tan x\,\mathrm{d}x = \sec x + C$

92. $\int \csc x\cot x\,\mathrm{d}x = -\csc x + C$

93. $\int \sin^2 x\,\mathrm{d}x = \dfrac{x}{2} - \dfrac{1}{4}\sin 2x + C$

94. $\int \cos^2 x\,\mathrm{d}x = \dfrac{x}{2} + \dfrac{1}{4}\sin 2x + C$

95. $\int \sin^n x\,\mathrm{d}x = -\dfrac{1}{n}\sin^{n-1}x\cos x + \dfrac{n-1}{n}\int \sin^{n-2}x\,\mathrm{d}x$

96. $\int \cos^n x\,\mathrm{d}x = \dfrac{1}{n}\cos^{n-1}x\sin x + \dfrac{n-1}{n}\int \cos^{n-2}x\,\mathrm{d}x$

97. $\int \dfrac{1}{\sin^n x}\,\mathrm{d}x = -\dfrac{1}{n-1}\dfrac{\cos x}{\sin^{n-1}x} + \dfrac{n-2}{n-1}\int \dfrac{1}{\sin^{n-2}x}\,\mathrm{d}x$

98. $\int \dfrac{1}{\cos^n x}\,\mathrm{d}x = \dfrac{1}{n-1}\dfrac{\sin x}{\cos^{n-1}x} + \dfrac{n-2}{n-1}\int \dfrac{1}{\cos^{n-2}x}\,\mathrm{d}x$

99. $\displaystyle\int \cos^m x \sin^n x \, dx = \frac{1}{m+n} \cos^{m-1} x \sin^{n+1} x + \frac{m-1}{m+n} \int \cos^{m-2} x \sin^n x \, dx$

$\displaystyle \qquad = -\frac{1}{m+n} \cos^{m+1} x \sin^{n-1} x + \frac{m-1}{m+n} \int \cos^m x \sin^{n-2} x \, dx$

100. $\displaystyle\int \sin ax \cos bx \, dx = -\frac{1}{2(a+b)} \cos(a+b)x - \frac{1}{2(a-b)} \cos(a-b)x + C \, (a^2 \neq b^2)$

101. $\displaystyle\int \sin ax \sin bx \, dx = -\frac{1}{2(a+b)} \sin(a+b)x + \frac{1}{2(a-b)} \sin(a-b)x + C \, (a^2 \neq b^2)$

102. $\displaystyle\int \cos ax \cos bx \, dx = \frac{1}{2(a+b)} \sin(a+b)x + \frac{1}{2(a-b)} \sin(a-b)x + C \, (a^2 \neq b^2)$

103. $\displaystyle\int \frac{dx}{a+b\sin x} = \frac{2}{\sqrt{a^2-b^2}} \arctan \frac{a\tan \frac{x}{2}+b}{\sqrt{a^2-b^2}} + C \, (a^2 > b^2)$

104. $\displaystyle\int \frac{dx}{a+b\sin x} = \frac{1}{\sqrt{b^2-a^2}} \ln \left| \frac{a\tan \frac{x}{2}+b-\sqrt{b^2-a^2}}{a\tan \frac{x}{2}+b+\sqrt{b^2-a^2}} \right| + C \, (a^2 < b^2)$

105. $\displaystyle\int \frac{dx}{a+b\cos x} = \frac{2}{a+b} \sqrt{\frac{a+b}{a-b}} \arctan \left(\sqrt{\frac{a-b}{a+b}} \tan \frac{x}{2} \right) + C \, (a^2 > b^2)$

106. $\displaystyle\int \frac{dx}{a+b\cos x} = \frac{1}{a+b} \sqrt{\frac{a+b}{b-a}} \ln \left| \frac{\tan \frac{x}{2}+\sqrt{\frac{a+b}{b-a}}}{\tan \frac{x}{2}-\sqrt{\frac{a+b}{b-a}}} \right| + C \, (a^2 < b^2)$

107. $\displaystyle\int \frac{dx}{a^2\cos^2 x + b^2\sin^2 x} = \frac{1}{ab} \arctan \left(\frac{b}{a} \tan x \right) + C$

108. $\displaystyle\int \frac{dx}{a^2\cos^2 x - b^2\sin^2 x} = \frac{1}{2ab} \ln \left| \frac{b\tan x + a}{b\tan x - a} \right| + C$

109. $\displaystyle\int x\sin ax \, dx = \frac{1}{a^2} \sin ax - \frac{1}{a} x\cos ax + C$

110. $\displaystyle\int x^2 \sin ax \, dx = -\frac{1}{a} x^2 \cos ax + \frac{2}{a^2} x\sin ax + \frac{2}{a^3} \cos ax + C$

111. $\displaystyle\int x\cos ax \, dx = \frac{1}{a^2} \cos ax + \frac{1}{a} x\sin ax + C$

112. $\displaystyle\int x^2 \cos ax \, dx = \frac{1}{a} x^2 \sin ax + \frac{2}{a^2} x\cos ax - \frac{2}{a^3} \sin ax + C$

(十二)含有反三角函数的积分($a > 0$)

113. $\displaystyle\int \arcsin \frac{x}{a} \, dx = x\arcsin \frac{x}{a} + \sqrt{a^2-x^2} + C$

114. $\displaystyle\int x\arcsin \frac{x}{a} \, dx = \left(\frac{x^2}{2} - \frac{a^2}{4} \right) \arcsin \frac{x}{a} + \frac{x}{4} \sqrt{a^2-x^2} + C$

115. $\displaystyle\int x^2\arcsin\frac{x}{a}\,\mathrm{d}x = \frac{x^3}{3}\arcsin\frac{x}{a} + \frac{1}{9}(x^2+2a^2)\sqrt{a^2-x^2} + C$

116. $\displaystyle\int \arccos\frac{x}{a}\,\mathrm{d}x = x\arccos\frac{x}{a} - \sqrt{a^2-x^2} + C$

117. $\displaystyle\int x\arccos\frac{x}{a}\,\mathrm{d}x = \left(\frac{x^2}{2}-\frac{a^2}{4}\right)\arccos\frac{x}{a} - \frac{x}{4}\sqrt{a^2-x^2} + C$

118. $\displaystyle\int x^2\arccos\frac{x}{a}\,\mathrm{d}x = \frac{x^3}{3}\arccos\frac{x}{a} - \frac{1}{9}(x^2+2a^2)\sqrt{a^2-x^2} + C$

119. $\displaystyle\int \arctan\frac{x}{a}\,\mathrm{d}x = x\arctan\frac{x}{a} - \frac{a}{2}\ln(a^2+x^2) + C$

120. $\displaystyle\int x\arctan\frac{x}{a}\,\mathrm{d}x = \frac{1}{2}(a^2+x^2)\arctan\frac{x}{a} - \frac{a}{2}x + C$

121. $\displaystyle\int x^2\arctan\frac{x}{a}\,\mathrm{d}x = \frac{x^3}{3}\arctan\frac{x}{a} - \frac{a}{6}x^2 + \frac{a^3}{6}\ln(a^2+x^2) + C$

(十三) 含有指数函数的积分

122. $\displaystyle\int a^x\,\mathrm{d}x = \frac{1}{\ln a}a^x + C$

123. $\displaystyle\int \mathrm{e}^{ax}\,\mathrm{d}x = \frac{1}{a}\mathrm{e}^{ax} + C$

124. $\displaystyle\int x\mathrm{e}^{ax}\,\mathrm{d}x = \frac{1}{a^2}(ax-1)\mathrm{e}^{ax} + C$

125. $\displaystyle\int x^n\mathrm{e}^{ax}\,\mathrm{d}x = \frac{1}{a}x^n\mathrm{e}^{ax} - \frac{n}{a}\int x^{n-1}\mathrm{e}^{ax}\,\mathrm{d}x + C$

126. $\displaystyle\int xa^x\,\mathrm{d}x = \frac{x}{\ln a}a^x - \frac{1}{(\ln a)^2}a^x + C$

127. $\displaystyle\int x^n a^x\,\mathrm{d}x = \frac{1}{\ln a}x^n a^x - \frac{n}{\ln a}\int x^{n-1}a^x\,\mathrm{d}x + C$

128. $\displaystyle\int \mathrm{e}^{ax}\sin bx\,\mathrm{d}x = \frac{1}{a^2+b^2}\mathrm{e}^{ax}(a\sin bx - b\cos bx) + C$

129. $\displaystyle\int \mathrm{e}^{ax}\cos bx\,\mathrm{d}x = \frac{1}{a^2+b^2}\mathrm{e}^{ax}(b\sin bx + a\cos bx) + C$

130. $\displaystyle\int \mathrm{e}^{ax}\sin^n bx\,\mathrm{d}x = \frac{1}{a^2+b^2n^2}\mathrm{e}^{ax}\sin^{n-1}bx(a\sin bx - nb\cos bx)$
$\displaystyle\qquad + \frac{n(n-1)b^2}{a^2+b^2n^2}\int \mathrm{e}^{ax}\sin^{n-2}bx\,\mathrm{d}x + C$

131. $\displaystyle\int \mathrm{e}^{ax}\cos^n bx\,\mathrm{d}x = \frac{1}{a^2+b^2n^2}\mathrm{e}^{ax}\cos^{n-1}bx(a\cos bx + nb\sin bx)$
$\displaystyle\qquad + \frac{n(n-1)b^2}{a^2+b^2n^2}\int \mathrm{e}^{ax}\cos^{n-2}bx\,\mathrm{d}x + C$

（十四）含有对数函数的积分

132. $\int \ln x \mathrm{d}x = x\ln x - x + C$

133. $\int \dfrac{1}{x\ln x}\mathrm{d}x = \ln|\ln x| + C$

134. $\int x^n \ln x \mathrm{d}x = \dfrac{x^{n+1}}{n+1}\left(\ln x - \dfrac{1}{n+1}\right) + C$

135. $\int (\ln x)^n \mathrm{d}x = x(\ln x)^n - n\int (\ln x)^{n-1}\mathrm{d}x + C$

136. $\int x^m (\ln x)^n \mathrm{d}x = \dfrac{x^{m+1}}{m+1}(\ln x)^n - \dfrac{n}{m+1}\int x^m (\ln x)^{n-1}\mathrm{d}x + C$

参 考 文 献

[1] 同济大学应用数学系. 高等数学[M]. 6 版. 北京：高等教育出版社，2007.

[2] 吴建成. 高等数学[M]. 北京：高等教育出版社，2005.

[3] 宣立新. 高等数学：上册[M]. 北京：高等教育出版社，1999.

[4] 宣立新. 高等数学：下册[M]. 北京：高等教育出版社，2000.

[5] 张珠宝，张昉. 高等数学[M]. 北京：高等教育出版社，2005.

[6] 马韵新. 高等数学[M]. 北京：科学出版社，2005.